接纳自己 终身成长的高效方法
作者简介

01 尹梓
毕业于陆军军医大学临床系,曾任陆军军医大学附属新桥医院神经外科医生,香港中文大学附属威尔士亲王医院脑肿瘤研究员。其经营的自媒体拥有大量原创博文及亲子视频,访问量达百万人次。

02 马小腰
就读于中央财经大学商学院,曾任职某上市公司,负责亿级用户产品的工作,也是0-1项目的项目负责人,擅长营销学和女性自我提升,2019年被返聘为校友导师。

03 陈桢莹
微博博主@妮妮与心理成长,从事教育培训行业10年。不仅重视提高学生成绩与能力,更重视他们的心灵成长和家庭疗愈。一直奉行育己育人的教育理念,擅长教育、个人成长和心理疗愈等。

04 施晓磊
微博认证心理博主@长腿师歌,10年心理学研习者,专注亲密关系、人本主义和积极心理学,一对一解答数百个人的提问,推崇发展个人优势、活出多彩人生。

05 郝俪舟
微博@黄浦橘长夫人,毕业于上海戏剧学院。十年以上电视媒体工作经验,曾担任几档省级卫视大型真人秀、综艺节目和纪录片总编剧。2018年曾获第十一届全国微视频短片评选年会"剧情类一等奖"和"最佳编剧奖"。

06 王晓云
微博认证问答答主@招财美妈,3年带双胞胎经验,同时半年跑900km,一年看100本书的终身学习者,主张又美又拼的生活方式,活出自己的兴趣和价值。

07 王瑞麒
微博认证瑶池仙境工作室经营者,兼审美博主@瑶池朱雀雀。曾在知乎发表多篇审美、情感相关的万赞回答,力图通过最自然的方式让每个中国女孩拥有最独特的画风。

08 曹子衿
微博认证Vlog博主@腰缠万贯的美少女,发文总阅读量已达百万。毕业于英国诺丁汉特伦特大学,大众传媒专业,在英期间曾担任过中国学联文娱部长,现从事社交电商新零售事业。

09 麦子
微博博主@查小聪。中国矿业大学工商管理硕士毕业,20余年国企工作经历,发表多篇国家级论文,擅长基层领域的职场解惑答疑及个人发展战略分析。

10 南悠然
微博认证教育博主@指南姐。12年专注育儿教育,把工科思维融入日常教育,擅长发现孩子优势,助力孩子成长,曾获得过教育局颁发的优秀家长称号。

11 梁子月
微博认证知名法律博主@法学御姐,写作内容围绕日常普法、女性维权和个人成长三个方向。4个月实现粉丝增长7万+,升级微博红V,收获逾5000万的阅读量。

12 思浩
微博@开心心理学研究员。西安电子科技大学机电工程学院硕士研究生,现任某互联网公司搜索算法工程师一职,爱好心理学。

13 千面金融女
微博同名。毕业于美国约翰斯·霍普金斯大学凯瑞商学院,5年工作经验,现任职于某央企金融机构,从事投资工作。擅长中英文写作、商业模式分析、投资价值判断、商业保险方案设计等。

14 GiGi 咩
毕业于中国人民大学,是一名热爱写作的读物博主,目前微博拥有4万粉丝,创建的读书话题阅读量过百万,2019年曾连续写作近300天,喜欢研究各种形式的自我提升。

15 程今今
微博博主@blingbling程今今。心理学、管理学双学士,公共管理学硕士毕业。2014年开始用日程本管理日常生活,个人微博时间管理系列博文总阅读量超20万人次。

16 曹小心
原香港铁旗智库国际仲裁实验室联合创始人,职识分子俱乐部创办人,自我进化深度践行者,已出版电子书《自我进化:遇见更好的自己》。崇尚持续行动自我进化,文章获得过今日头条青云奖。

17 岳艳霞
微博博主@爱整理的岳掌柜。毕业于中国地质大学土木工程系,现为长沙美莉家商务服务有限公司CEO,擅长衣橱整理、全屋整理、全屋空间规划设计等。

18 张半仙儿
5年海外业务工作经验,连续3年业绩第一。读书和个人成长类自媒体达人,半年时间作品阅读量破百万。

19 叶宁
微博认证教育博主@木兰讲故事_,曾在4000人规模的外企带领团队,擅长用思维模型解决各种实际问题,通过对话挖掘个人潜质和实现目标。

20 元气暖阳
心灵主播"第一人"。美国跨学科教育博士在读，MBA和大数据专业双硕士，10余年创业和管理经验。研究领域：积极心理学与教育。

21 晴参谋长
曾任荔枝App运营经理，拥有7年工作经验，擅长心理学、运营、管理。

22 陈燕
微博认证闪光训练营主持人@Miss陈语娇，毕业于南京财经大学工商管理系，曾在首家民营旅行社上市公司任互联网运营。自我学习、迭代与整合能力突出，洞察力强，擅长沟通表达和换位思考。

23 陈晨
毕业于澳门城市大学应用心理学系，拥有5年心理咨询相关经验，擅长心理学。

24 谢如梦
微博认证心理博主@直男夫人。目前任互联网公司运营，擅长原生家庭解读、长期亲密关系经营。平时热爱读书，希望分享自身经历为他人带来一些新思路。

25 夏甜甜
微博认证心理博主@甜甜成长疗愈。10年央媒工作经验，从编辑成长为编导、公司中层，兼职中科院心理咨询师，擅长内容宣传管理、个人成长、心理学。开微博不到1年时间，发文阅读量超过500万。

26 雷晓雪
就读于陕西师范大学英语专业，擅长语言、外语教学、英文辩论、情绪管理等领域。曾利用一年时间战胜抑郁症。经营教育等相关领域的微博，发表多篇原创博文，月浏览过万。

27 李多薇
微博认证情感博主@李多薇。曾任知名互联网公司新媒体运营总监，国内外职场经历达十年以上。擅长解决领域：创造吸引力，修复亲密关系，女性自我成长。解答咨询个案1000+，拥有大量原创博文，博客访问量达百万人次。

28 林小清
微博@小青小青呀。5年独立动画师经验，为多家知名企业、单位设计制作动画片、表情包及卡通形象。曾获第三届全国Flash创作大奖赛公益篇金奖、全国法制宣传公益广告创意奖第一名等奖项。

29 江先生
微博博主@语音矫正师，毕业于复旦大学，国家级英文写作大赛冠军。中国第一代专业英语语音矫正师，英语教材教辅配音员、essay写作、英文演讲教练，培养出4名全国英语演讲比赛冠军。

30 段晋辉
微博认证教育博主@不夜城馆长,理工科硕士,两度创业经历,不夜城中开过店,科学院里读过书。3年创业经验,终身学习倡导者,喜欢亲近自然,热爱读书,科学艺术探索者。

31 康剑明
微博博主@小康掌柜啊。从事阿里巴巴电商运营工作,运营的店铺曾获得全类目流量第一,擅长电商运营、企业管理和流程优化。

32 管帅
微博@蛮腰阿姨进化论。百度医美栏目项目负责人,百度外卖签约达人。5年工作经验,先后从事互联网销售、策划岗位,擅长医美领域、两性心理学。曾获百度MEG攀登者、第一届ACU文化之星、培训讲师称号。

33 张锦卓
毕业于浙江大学,在校期间曾获一等奖学金。擅长利用"游戏思维"提升个人技能。曾参与微博公众号双百万粉大V旗下训练营运营工作,并获"优秀运营官"称号。

34 圆气
毕业于海南大学涉外会计专业,自由职业1年半,现回归职场生涯,开启自己的全新道路,参与合作项目50+。

35 姬秀
微博认证教育博主@姬秀Jessica。毕业于香港大学,IMC整合营销传播研究生。曾供职百度12年,前商业BG培训总监。擅长战略规划、组织学习、培训体系搭建及个人成长赋能。

36 陈士谦
微博博主@爱淘屋的心谷,发文总阅读量过百万。毕业于华东师范大学地理系,曾在上海大型国企就职。

37 孟月芝
微博博主@孟繁月芝。现任某国企财务总监,高级会计师,高级精油理疗师,青年成长导师,青创合伙人,2019年帮扶青年成长千余人。

38 晶晶
微博博主@奔跑吧晶晶。擅长皮肤管理,喜欢码字写文案,曾去日本学习皮肤管理,师从大阪美容协会老师,并通过自学将自己的"烂脸"治愈,开过美容院,后转战电商与微商行业。

39 咩咩
微博博主@咩咩的碎碎念。任互联网电商商品运营经理一职,擅长分析个人成长方向,希望自己的文字能带给大家点滴启发,帮助读者穿过荆棘,走向明媚人生。

接纳自己

终身成长的高效方法

终身成长学院 ◎ 编著

内 容 提 要

很多时候，人们都会感到迷茫、困惑，甚至还会陷入"付出很多却没有收获"的消极状态中。许多人之所以懒怠、停滞，一直走弯路，是因为无法看透事物的本质，难以从根本上解决问题。为了帮助读者更好地应对这些问题，本书通过五大模块和大量的真实案例，全面阐述个人终身成长的实用方法，包括了解自我、人际交往、六个习惯、情绪管理、遇见未来等，从理性角度阐述人的成长误区，并提供了成为"高效人士"的策略和技巧，鼓励读者激发内驱力，充分发挥个人潜能和优势，从而达到更好的成长状态。

本书适合感到迷茫、不能专注自己工作和生活的年轻人阅读。

图书在版编目(CIP)数据

接纳自己：终身成长的高效方法 / 终身成长学院编著. —— 北京：北京大学出版社，2020.12
ISBN 978-7-301-31715-0

Ⅰ. ①接… Ⅱ. ①终… Ⅲ. ①成功心理 – 通俗读物 Ⅳ. ①B848.4-49

中国版本图书馆CIP数据核字(2020)第188297号

书　　名	接纳自己：终身成长的高效方法	
	JIENA ZIJI：ZHONGSHEN CHENGZHANG DE GAOXIAO FANGFA	
著作责任者	终身成长学院　编著	
责任编辑	张云静　吴秀川	
标准书号	ISBN 978-7-301-31715-0	
出版发行	北京大学出版社	
地　　址	北京市海淀区成府路205 号　100871	
网　　址	http://www.pup.cn　　新浪微博：@ 北京大学出版社	
电子信箱	pup7@ pup.cn	
电　　话	邮购部 010-62752015　发行部 010-62750672　编辑部 010-62570390	
印 刷 者	大厂回族自治县彩虹印刷有限公司	
经 销 者	新华书店	
	787毫米×1092毫米　A5　　7.25 印张　172 千字	
	2020年12月第1版　2021年3月第2次印刷	
印　　数	6001–10000册	
定　　价	38.00 元	

未经许可，不得以任何方式复制或抄袭本书之部分或全部内容。
版权所有，侵权必究
举报电话：010-62752024　电子信箱：fd@pup.pku.edu.cn
图书如有印装质量问题，请与出版部联系。电话：010-62756370

序 言
PREFACE

为了梦想，你愿意付出多大代价？

小 A 在天津读大学，对网络安全很感兴趣，便自学了一些"皮毛"。他很向往北京大闸蟹网络安全公司（公司名是虚构的），想去该公司实习。可是他技术不过关，发简历也没人理，这时他该怎么办呢？

① 周日，小 A 坐火车从天津跑到北京，然后打车到公司所在地。

② 公司在一个高科技园区，小 A 不敢进去。他观察了半天，发现其他人都不用刷卡，于是他战战兢兢地混进去了。

③ 到了大闸蟹公司楼下，没有门卡，被保安拦住了。小 A 不死心，就和保安聊天，磨叽了半个多小时，一位小姐姐出来了。

④ 保安觉得小伙子不容易，就把小 A 推荐给小姐姐了。小姐姐带小 A 进去，请一位技术高手面试。

⑤ 聊了一会儿，小 A 实在太菜了，达不到标准。高手列了一个技术清单，同时告诉小 A 该怎么学习，让他回学校继续努力。

⑥ 高手给小 A 留了自己的联系方式并告诉他，把技术学好，明年可以过来实习，高手可以内推他。

这个小 A 值得我们学习，本来高不可攀的大闸蟹公司，通过正常渠道是进不去的。小 A 用实际行动证明，必须自己想办法，要行动起来。

大家可能常听到这种感慨：阶层固化、上升无门……真的是这样吗？很多人只想享受成功后的成果，而不愿意为成果付出时间和精力。光坐在家里空想，是不能成事的。我们需要全方位打造自己，从技能到沟通，再到强大的心理，每一环都必不可少。

为什么要写这本书？

人生短短几十年，你是否真的了解自己？也许你被原生家庭所影响，被爱情所困扰，被工作所牵绊。至于如何摆脱这些麻烦，我想你应该从认识自己开始，发现自己的缺点，走出内心，发掘自己的性格优势，认真且自律，打造属于自己的"贵族范"。这样，所有问题都将迎刃而解，你会成为更好的自己。

在与人沟通的过程中，你是否因说话过于直白、不懂迂回而伤人？是否因在交流中不能把握重点而错失交易？是否受家庭影响，不能自信表达？又是否因遇事不敢表达而错过机会？阅读本书，你将掌握与人沟通的那些小方法，成为一个受欢迎的人。

你是否在做决定时犹豫不决，做事时拖拖拉拉？是否遇到难事总是停滞不前？是否制订好计划又不能坚持执行？是否看着自己日渐懒惰却不愿行动？是否不敢放手去做自己想做的事？你想要的答案，这里都有。

当没有自信、没有勇气、性格内向、被区别对待、痛苦、焦虑不安、委屈成了你的日常状态时,别怕,看完本书中的文章,做出你的改变。克服胆怯心理,消除偏见,理解痛苦,把内向变为优势,自我疗愈,撕掉标签,和父母和解,让自己拥有健康的心态吧。

提升运气值,善于总结经验教训,拒绝负能量,平衡工作与生活,主动出击获得机会,不为自己定性,养成理财思维,理性决策,提高解决问题的能力,认知升级,一个个看似"难搞"的职场问题,听听我们怎么说。

本书能帮你什么?

1. 真人故事,易于借鉴

书中内容都是作者的真实经历,通过分析作者在这些经历中得到的启发和思考,读者能找到自己熟悉的场景,并从中学习借鉴,更好地提升自己的工作和生活质量。

2. 涵盖典型场景,实用价值高

本书涵盖了现代社会中的年轻人在工作和生活中可能会遇到的典型场景、问题和困惑,具有较高的实用价值。

3. 交流互动,学习升级

如果读者在阅读中有相关的问题,或者有自己的思考,可以通过微博和我们交流互动。我们一定知无不言、言无不尽。

谁适合阅读本书？

- 希望突破人生瓶颈的人；
- 想提前掌握社会生存智慧的大学生；
- 自媒体从业人员；
- 对未来感到迷茫，想寻找良师益友的年轻人；
- 遇到困境的职场人士；
- 陷入中年危机的迷茫人。

阅读本书的建议

- ☑ 本书每一章节都相互独立，读者可以从任意章节看起。

- ☑ 对于每一章节的内容，建议读者留心作者处理问题时的策略，并且思考应该怎样学习借鉴。

- ☑ 如果读者对某个作者感兴趣，可以在新浪微博中找到该作者，并与其一对一交流，这样学习效果更好。

终身成长学院

目录
CONTENTS

   了解自我
　　洞悉成功的秘诀

做更好的自己，从认识自己开始　/ 002

从不妥协开始，做生活的主角　/ 008

幸福的起点：活在当下，悦纳自我　/ 016

探索自我，成就不平凡的自己　/ 021

被逼到绝处，才知道自信起来有多厉害　/ 029

当妈后我是如何一个人活得像一支队伍的　/ 035

时刻假装"贵族范"，久了真的成了"上档次"的人　/ 040

第二章 人际交往
别让直性子毁了你

自嘲是一项很好的社交技能 / 047

好好说话是提升业绩的法宝 / 051

鼓励相伴,让我褪下硬壳前行 / 056

勇敢又真实,是重要的社交能力 / 063

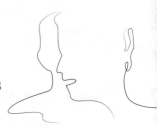

 ## 第三章 六个习惯
塑造完美自我

学会比较,拒绝犹豫人生 / 069

很多难事,不断重复也能变简单 / 073

你自律的程度,决定了你人生的高度 / 078

你和大牛差的不是时间,而是时间管理 / 083

出身不好不是你一事无成的理由,懒惰才是 / 096

从全职妈妈到创业,我"整理"出了自己的路 / 103

第四章 情绪管理
和自己好好相处

迎难而上，磕出高配人生 / 109

正视偏见，赢得尊重与掌声 / 112

理解痛苦，并在痛苦中成长 / 116

把内向变为优势，让沟通更有效率 / 121

减少焦虑的秘密，从少说"但是"开始 / 127

自我疗愈，如何让我从不安走向满足 / 131

乖乖女处处委屈，改变后无往不胜 / 138

鼓足勇气表达不满，人生从此开始逆转 / 142

习惯乐观，将父母给予的"枷锁"化为盔甲 / 149

与父母和解，并不是每个女孩都要过同样的生活 / 154

遇见未来
开启不疲惫、不焦虑的人生

提升运气值，让你的人生开挂 / 160

经历都是天意，坚持获得幸运 / 165

拒绝负能量，好心态才有好运气 / 171

平衡事业与生活，获得简单小幸福 / 175

学会主动出击——三本也能逆袭BAT / 180

用游戏思维，像打关卡一样应对挑战 / 184

不为自己定性，身兼数职感受多样人生 / 191

养成理财思维，爱拼的人生更精彩 / 196

七年买房路，理性决策让我扎根一线城市 / 203

上了那么多课，现实中却被打回原形 / 210

提高解决问题的能力，才是职场生存的根本 / 215

"升级打怪"的过程，就是认知升级的过程 / 219

第一章

了解自我

洞悉成功的秘诀

人生短短几十年，你是否真的了解自己？也许你正在被原生家庭所影响，被爱情所困扰，被工作所牵绊。至于如何摆脱这些麻烦，我想你应该从认识自己开始，发现自己的缺点，走出内心，发掘自己的性格优势，认真且自律，打造属于自己的"贵族范"。这样，所有问题都将迎刃而解。

做更好的自己,从认识自己开始

我成长于一个离异家庭,当了妈妈后,我对母亲这一角色进行了很多反思。我相信因为时代背景不同加上环境限制,我的妈妈已经做到了她的最好。但是,我仍然想当个不一样的妈妈。"我想要什么样的妈妈,就做一个什么样的妈妈。"我想做一个温和、坦然、有耐心、总是笑着鼓励孩子的妈妈。

这个要求很简单,但现实中我却离这个要求很远。于是我想了各种办法,来帮助自己改变习惯,一步步成为自己理想中的那个妈妈。今天在这里讲的办法,是我用过的各种方法里最精巧的一个,亲测有效。

一、从儿子身上发现自己的问题

自从儿子胖达满六个月,开始吃辅食后,我就开始有规律地给他拍吃播视频。剪辑视频时我发现,他居然很频繁地皱眉头。他很爱吃东西,是个小吃货。每次吃饭嘴都张得很大,吃得也香,所以并不是对食物不满意,但他为什么要皱着眉头吃呢?

难不成是跟我学的?家里大多数时间只有我和他,而婴儿又是最爱模仿的生物,我第一个想到的原因就是他受了我的影响。

可是我并没有皱眉呀!我每天都按部就班地做着日常该做的一切——换尿布、换衣服、做饭、喂辅食、洗碗、陪胖达玩、给他读故事书……我完全不记得自己什么时候皱过眉头。

思来想去,找不到原因。最后,我在胖达餐椅后面的墙上,贴了一面镜子,想看看喂饭时我的表情。毕竟胖达没有在洗澡、换尿布的时候皱眉,而只是在吃饭的时候才皱眉,因此我猜想,喂饭这个时刻,也许发生了什么我自己没觉察到的事。

第二天喂饭时，我想起镜子的事，一边喂一边瞄镜子，我被吓了一跳！我以为自己在"微笑"，但镜子里的我面无表情。我以为自己是"平静"的脸，但镜子里的我在皱眉！特别是胖达偶尔抢勺子、把丸子从嘴里吐出来扔在地上、一把抓住菜泥在餐盘上"画画"的时候，我虽心有不满，但一直以为自己的表情是冷静的。这下镜子告诉了我真相：我在皱眉！

我吓坏了，胖达果然是跟我学的。我居然这么频繁地对他皱眉头而不自知。镜子里那个皱眉头的自己，像极了我妈妈。她总是边做家务边皱眉，不是抱怨我爸爸没本事，就是抱怨我不体贴。牢牢刻在我记忆里的，就是妈妈那张边洗碗边皱眉的脸。

难不成我洗碗的时候也皱眉头，和我妈妈一样？我把化妆镜拿到厨房，挂在水槽上方的墙上。第二天洗碗时，我抬头一看，结果你们也猜到了吧，我果然又皱了眉。

这些年来，我时时提醒自己，不可以受我妈妈影响，不可以学她一样抱怨。我看了很多书，如《不抱怨的世界》，也自认为做得很好了，可以很轻松地把想抱怨的话咽下自己消化。但是皱眉这个坏习惯，居然仍偷偷地跟着我，躲在深处，企图伴我终生。

那怎么行！我讨厌这个表情，恨不得永远都不要再看到。我希望抱怨和皱眉这两个坏行为，在我这里终结，不要对胖达有丝毫的影响。可要怎么改呢？我都不知道自己什么时候在皱眉。

镜子！对了，镜子能帮我发现自己什么时候在皱眉。

我飞奔出门，买了几面方镜子回家，选了几个地方一一挂好：进门鞋柜的上方，餐桌处我的位置的对面，宝宝辅食准备区上方，椭圆机前方正对我脸的墙上，书桌上电脑显示器旁，给胖达读绘本的地方，卫生间里给胖达洗澡的浴缸旁，衣帽间叠衣服的地方。厨房洗碗区可能是重灾区，我在那里挂了一面大镜子。

这样我在家无论是做家务还是陪胖达，都会下意识地找找身旁的镜子，瞄一眼自己的表情。不看不知道，一看吓一跳，除了给胖达喂饭时我会皱眉，在踩椭圆机时、坐在书桌前急着搜索某个网页时、收拾胖达房间满地的绘本和玩具时、胖达洗澡把水花打得我满脸满身时、一件一件收纳干净的衣服时，我都皱了眉头。当然，还有洗碗时。

我很惊讶。我心里有不满，但是我自认为我的表情是平静的，这些是我日常的家务，我以为我早就"认命"了，做习惯了。没想到面对这些事情时，我的表情根本不"平静"。镜子里的我眉头紧锁，充满了不耐烦。

我沮丧了一段时间。我一心想摆脱妈妈的坏影响，却仍潜移默化地活成了她的样子，这种深深的无力感，让我觉得自己这么多年的努力都白费了。但日子总得继续，看到胖达可爱的笑脸，我觉得我非改不可，不管有多困难，这些坏习惯都必须在我这里终结。

二、认识缺点才能改掉缺点

我又重新打起了精神。知道自己的缺点不是很好吗？比那些不知道自己缺点的人好了很多。认识到自己的缺点，就是改掉缺点的第一步！

我继续每天在各个地方照镜子。若皱眉，就立马打住，深呼吸，告诉自己：平常心，平常心，平常心。放宽心也是一天，皱眉不耐烦也是一天，就看你怎么选。

短短几天，我明显感觉到，镜子里的自己皱眉的次数大大减少了。有时我甚至可以觉察到自己有一点烦躁，心想是不是又皱眉了？然后赶紧深呼吸，让表情温和起来，这时再去照镜子，不错，眉头舒展。

但很快我又不满足了。发现皱眉后停止皱眉,这个我做得挺不错的。但是有没有什么办法,能够从根上彻底改掉皱眉这个坏习惯呢?

我开始思考,我为什么这么喜欢皱眉?特别是在做家务的时候。我想这和原生家庭给我灌输的某些思想脱不开干系,比如"做家务是件无意义的事"。学习是有意义的,看书是有意义的,做题是有意义的;看电视是无意义的,交朋友是无意义的,做家务是无意义的……

我知道很多人很享受做家务带来的乐趣,也喜欢干净整洁的家带给自己的成就感和满足感。我也喜欢窗明几净,喜欢物品整整齐齐,但我仍然根深蒂固地坚信,做家务是无意义的。家务太烦琐,花费时间巨大,又看不到多少成效。比方你打开柜门,花一整天时间整理了几个柜子、几个抽屉,然后把柜门一关,一切如常,仿佛你一天什么都没做。

三、改掉自己缺点的方法

让我短时间内改变观念,发自内心地爱上做家务,很难。那我还有什么办法呢?即使目前心里觉得它没意义,但仍平心静气地做下去吗?

我做家务时不开心,这个我知道。但我能假装自己很开心吗?如果仅仅是假装,而不是发自内心地觉得开心,我觉得我可以!人生如戏,全靠演技,我们谁没假装过喜欢某样东西、喜欢某份工作、喜欢某个礼物?假装开心,这不难。

于是我对着镜子练习"开心脸"。想想并不难呀,就是把嘴咧开露出牙齿即可。眼睛里有没有笑意无所谓,先咧开嘴就好。可我做这个"开心脸"居然很费力,脸上的小肌肉们一个个的还很别扭,仿佛赶鸭子上架,由此可见,笑容在我脸上有多稀罕。

我对着镜子练了好几次。突然,我发现了一个惊天大秘密,那就是,咧嘴假笑的时候,我没办法同时皱眉。

皱眉的时候,嘴必然没有咧开;咧开嘴的时候,眉头皱不起来!这个发现让我开心得原地转圈,我终于找到了把"皱眉头"从我脸上彻底赶走的绝招——咧开嘴!

我没有深挖原生家庭的"黑洞",没有剖析自己的阴暗面和潜意识,没有拿着放大镜找"我为什么爱皱眉""我为什么讨厌家务"这些原因,然后强迫自己面对"血淋淋"的创伤。我什么都不用管,只需要简单地咧开嘴,假装自己正在开心。我对自己的唯一要求,就是假装开心,这一点都不难,我做到了。

咧开嘴之后,你们猜怎么着了?我原本只是假装开心,没有奢望可以真的开心,也不期待能真的开心起来,但是当我假装之后,我真的开心了。就是这么神奇,仿佛有魔力一样。哪怕我脑子里正愁云遍布,哪怕正心事重重,可是当我机械地把嘴咧开之后,愁云自然变淡了,心事自然消散了,咧开嘴这个假装开心的机械动作,带给了我真正的放松和舒坦,真的让我开心了。

到现在我家里还贴着大大小小的镜子,我仍会时不时地照镜子。镜子以前是我的"照妖镜",告诉我什么时候自己有眉头紧锁的表情;现在镜子是我的"功勋章",告诉我现在的自己笑起来的样子有多自然、多可爱。

如果你想改变自己,无论是身材、表情还是行为习惯,我都建议你在家里放上十面镜子。你看到自己,认识自己,就可以改变自己。

作者简介

尹梓，毕业于陆军军医大学临床系，曾任陆军军医大学附属新桥医院神经外科医生，香港中文大学附属威尔士亲王医院脑肿瘤研究员，7余年工作经验。其经营的自媒体拥有大量原创博文及亲子视频，访问量达百万人次。

从不妥协开始，做生活的主角

一、原生家庭，起点的痛

我爷爷患有精神病，没有劳动能力，生有五个儿子。在早些年代最缺的就是粮食，父亲说他童年时从来没吃饱过，以至在他眼里，每天吃饱饭，就是最幸福的事情。

后来当我崩溃地和他讲述我的遭遇时，他却不以为然，觉得是我不够大度，以前的事情过去就过去了，为什么要一直记着。其实我只想要他说一句"对不起"，因为当时他没有好好关心我。

我小时候家里很穷，一家四口挤在一个三十平方米的小房子里，门前走五步是高高的楼房。那时我不知道，这五步是母亲的十年。为了这五步，父母起早贪黑，当然，也没有时间管我们姐妹。

因为是异乡人，加上父母忙碌，没人管束的我身上总是脏兮兮的，所以除了受地域歧视外，出身矿区的我又被贴上了"煤黑子"的标签。"煤黑子"望着城里的大人，总觉得他们眯着眼，和我说话都显得极不耐烦。

人生如果是部纪录片，那么，一定有一幕会被定格。一次上语文课时，因为老师的偏见，我被罚蹲在讲台那里听课，破烂的袜子露出了脚后跟。我学习成绩不是最差的，上课也从不捣乱，为什么我要有这种遭遇？有的人在小孩眼里就是上帝，他不会错。不过，从那以后，我从讨厌上课变成了害怕下课。

每个班里都有一个"混"得好的同学，Q便是当时我们班"混"得最好的。他每次下课路过我的座位都会吐一口痰，并且不允许我的脸上有任何表情，如果我脸上有表情，就表示我不服，继而可能招来更强烈的拳打脚踢。

Q还会鼓动周围的人孤立我，让我每天去买零食，但从不给我钱。如果买不回来，他就不许我上课，而后让课代表告诉老师我逃课。

没有办法，我只能天天骗父母的钱。后来父母发现事情不对劲，跑到学校向老师核实学校的收费。事情败露后父母未曾问过缘由，当着所有人的面，给了我一个耳光，那一刻我的自尊被粉碎了。

其实我也反抗过，有一次被Q勒索后，我报告了老师，Q遭到一顿训斥后，从办公室出来，一脚把我踹在地上，而我忘记了疼痛，或者说我已经习惯了，我只记得周围的偷笑声和嘲讽的脸。

猎人不知道兔子的恐惧，这样的日子我过了六年。后来初中毕业，我以为可以重新开始，但是没想到有些东西仿佛改变了我，比如自卑。我走路永远含着胸，喜欢躲在别人身后，不敢正视别人的眼睛。

二、卑微的爱情，加重伤痛

我遇到了S，起因是午休时S丢了钱，恰好那时只有我在教室，大家随即将矛头指了过来。后来S发现是自己将钱忘在了宿舍，便跟我说了一句"对不起"。就是那一句道歉让我沦陷了，不知不觉和他在一起三年，那是我最卑微的三年。不介意付出更多的爱，只因为期待被爱。

我总觉得自己配不上他，天天吃最便宜的馒头、喝自来水，把生活费攒下来，只为送他一双他偶然说过一句喜欢的篮球鞋。他从来不会和别人主动提起我们的关系，遇到其他女生，他只会介绍说我是他妹妹。和他在一起后，我成绩倒退，跌跌撞撞进入一所不入流的大学。随后我白天打工，晚上兼职主播，现实中一周说话不到十句的人，每天直播时说话至少两个小时。渴望温暖的人，总想付出所有努力打造内心的"家"，于是我用赚的钱租了一个比记忆中的童年住的房子还破的小房子。

S 喜欢和朋友在一起喝酒吹牛，总觉得任何工作都配不上他，他和我讲他的梦想和怀才不遇，总想创业却感叹世界不公。而我的妥协换回来的是他因"创业社交"而不停地问我要钱的结果。

那时候我做的最奢侈的事情就是订了一张去首都的火车票，在首都火车站待了一晚上，看了看我梦想的地方的天空，第二天早上回到自己所在的小城市继续生存。

三、走出内心，面对恐惧

外界环境的糟糕比起内心的负面情绪不算什么。我曾一度深陷负面情绪中而无法自拔。我就这样妥协吗？我反复问自己。

人的顿悟从来不是一瞬间，而是过去种种积累的爆发，所有的迁就换回来的只是更多的妥协，并没有让我变好。如果不是自己想要的，又何必负重前行？

我带着身上剩下的两千块钱，成了北漂一族的一员，我寄居在远房亲戚家，找工作的第一个要求是包食宿。亲戚家人吵架的那晚，我拖着皮箱从他们家走了出来，昂起头吸了口冷空气。我坐在地铁上，看着来来往往的人，在想何时能到达自己的终点站。

地铁到站后，眼前望到的是茫茫空地，原来这就是北漂人的北京。地图显示宿舍在河的对岸，我跟随着前面的人走下河道，踩着砖块颤颤巍巍过河，就这样爬上河岸。爬上去的那一刻，竟感觉豁然开朗。

刚入职时，我鼓起勇气对老板说："虽然我是女生，但不怕被骂，如果我有任何大的小的问题，您可以直接说。"有一次我犯错了，在会议室被骂得狗血淋头，后来同事和我说，从没见老板发过这么大的火。

我也害怕丢脸，害怕老板的愤怒，当时想过找个理由搪塞，但最后我选择实话实说。工作的失误可以掩盖，可以对所谓的"职场规则"妥协，但人生的错误能掩盖吗？从会议室出去后，在同事们的目光注视下，我忍住抽泣回到工位继续办公。

"996"不应该是被老板逼的，而应该是自己给自己的。过多的抱怨，实际上只是在恐惧自己能力不足罢了。

我的日程表中总有十几件事情，最多的时候需要和二十多个同事沟通。混乱无序、忙忙碌碌中或许只能用加倍的时间找到属于自己的节奏。当一个人意识到"我该做什么"的时候，他会忘记时间，忘记双休，因为他在努力成为自己。

后来我开始独立负责项目。一次、两次、三次……不停地对接、更改几乎让我崩溃。这还没完，项目的最后是必须在所有参与者面前演讲，恐惧还是来了。

我害怕自己讲不清楚，害怕说得没逻辑，害怕声音太小，甚至害怕口渴。于是我每晚在家练习，讲到自己口干舌燥，声音变哑。我用手机录音听自己的语气、音调和逻辑，一遍又一遍地改正。我内心一直用"难，也没有过去难"的想法抵制着所有恐惧。

每个阶段，我们身边都会有一个标杆一样的人物，这个人在我们的眼里会发光。我的老板就是这样一个标杆，他的那句"我不要求你比别人有多好，只要求今天的你比昨天好"，我记忆犹深。

后来年终总结时，老板对我的评价是"能力直线上升"。被自己尊敬的人认可是最大的荣誉。不仅是业务能力的提升，我想，更重要的是我对恐惧认知的提升。

走出恐惧的方式,可以是不向新的恐惧妥协,也可以是直面曾经的恐惧。有一天,正好看到放学的初中生取自行车。车棚前面四五个学生围着一个倒在地的学生,周围还站着十几个旁观者。我脑子"嗡"的一声,一股熟悉的感觉涌上心头,我开始不自觉地浑身颤抖,哽咽着上前制止他们的举动,不见动作停下,我只好佯装报警,他们这才收场。

我们在想象中感受的恐惧,或许比现实中的要多。正因如此,我们才更不能妥协,一旦勇敢地往前走一步,就会发现很多事情并没有想象中那么难。

四、发展副业,提升价值

绷紧的弹簧被压制久了,只要稍微松开,就会释放反弹的欲望。

我的职业发展有迹可循,仿佛能收获的东西已经被计算出来。于是我在提升自己本职能力外,开始思考如何拓展和工作相关的第二职业。

相比第一次开展工作时的畏惧,这一次我理性许多。从自己的优势和掌握的资源开始分析,找厂家和渠道,这些计划和铺垫花了近三个月的双休和假期时间。拥有资源不多的人,一旦准备大笔投入时,就会瞻前顾后,左右摇摆,但这也是朝着目标奔跑时必须经历的。

小心翼翼地住青旅,火车上看日出,工厂选版把脚磨破,为了省快递费而选择自己抱着沉重的包裹……这些点滴,让我莫名心安,也让我开始接受父母曾经的早出晚归和"不关心"。

北漂人的搬家次数不可想象,经历了几次搬家后,我学会了帮自己和别人打包、修水管、组装桌柜……合租会遇到各式各样的人,第二年合租的大姐是我的第一个客人,我由此收获了第一桶金,这笔资金帮助我拓宽了后来的业务。

合租的大姐当时正忙于融资，我们都能体会，再微小的创业项目开始时都是不容易的。比起锦上添花，身陷困境时我们更感激身边雪中送炭的人。

有段时间，和厂家、顾客沟通，仿佛陷入一种思维怪圈："我是不是有更简单、有效的解决方式？"不断成长的我们，总会阅读和搜索一些书籍，寻找问题的解决方式，然后内化。但碎片化的信息远不如系统地学习提升得快，所以经过咨询和讨论，我选择重新进入校园。这是一场拉锯战，工作、副业、备考"三管齐下"。10个小时工作，2个小时集中处理副业，4小时备考，每天如此。当然，是否需要开拓副业、身兼数职，每个人应根据自己的实际情况，科学评判和安排，专心致志地做好一件事、一份工作同样可以收获成功。

某天深夜，我和备考的同学从教室走出来，身后那栋20多层的写字楼中，那间亮着灯的教室就像一轮明月。重新学习的过程中，关于管理、思维、沟通……我都有了新的理解，感觉像是打开了一个新世界，我也明白了要想输出，就必须先输入。

五、升级恐惧，更新目标

不向恐惧妥协，鼓起勇气坚持和父母聊原生家庭。在不算顺利的探讨之路中我也渐渐体会到，原来我们在不同的世界中有这么多的相同；不向恐惧妥协，是曾经每周和人说话不超过十句，却为了生存做主播；不向恐惧妥协，是离开S去梦想的地方。

关于恐惧，如果第一层是被迫陷入，第二层是直面感受，那么第三层就是升级恐惧。

"能不能比以前更好？"我尝试着问自己。我们怀念年轻的勇敢，因为多了些无知和鲁莽。一个人了解的事情越多，顾虑就越多，恐惧也就越多。

所以当认知升级的时候，恐惧也会主动升级。我很清楚进入学校后，我将遇见比我幸运和优秀太多的人，也曾萌生"不配感"，但是既然敢于选择挑战，就要敢于坚持，不是吗？

不想再被生活推着走，就要敢于设定更高的目标。设定目标时要有"不成功便成仁"的决心，要用"我必须、一定做到"代替"可能、大概做到"。看待结果时，要拥有"试错"就是"试对"的心态。

如果一开始就恐惧未知，不敢设定高目标，我可能还在原地打转，并且后悔着错过的机会，抱怨着过去的不幸。我们失败的次数本就比成功的次数要多，正因如此才更不能妥协，更要追逐成功，每一次尝试都是对达成目标最好的积累。

2020年伊始，我决定向朋友公开自己的新年目标。从前的我恐惧在人前谈未来、聊理想，因为我觉得成功了能享受厚积薄发的快感，而失败了也不会在众目睽睽下丢脸。但正是这种"谦虚"和"佛系"，我浪费了很多时间。

出乎意料，朋友们并没有想象中的唏嘘，反倒是互相出谋划策。这样的沟通能让我们自查、互相监督、互相帮助。

每一次的不向恐惧妥协，都让我渐渐拥有了对生活的主动权。每一次小小的成绩，都让我开始不再躲在别人身后，而是走到前面。如果把人间比作戏台，那么纵使一百万人里才有一个主角，我们也要做自己生活的主角。不向恐惧妥协的人，本来就自带光芒。

作者简介

马小腰，就读于中央财经大学商学院，曾任职于某上市公司，负责亿级用户产品的工作，也是 0-1 项目的项目负责人，擅长营销学和女性自我提升研究，2019 年被返聘为校友导师。

幸福的起点：活在当下，悦纳自我

小美是一个胖女孩，从小妈妈就对她说："小美啊，你五官很好看，如果能瘦下来，你就是大美女。等你瘦了，我就带你去买好看的衣服。"

小美疑惑地问："妈妈，我现在就不能穿好看的衣服了吗？"

妈妈说："傻孩子，你现在买好看的衣服也没用，等你瘦一点就穿不了了，买了也是浪费钱。而且，胖子穿什么都不好看，打扮也没意义。"小美听了很失落，心想妈妈也是为自己好，那就等瘦了再买衣服打扮吧，现在做这些没意义。

等小美到了大学，她发现身边女孩们青春靓丽，男孩们潇洒阳光。但小美还是那个朴素的胖胖的女孩，男式运动鞋、男式运动裤、大码短袖是她永远的三件套。室友们劝小美："现在淘宝有好多大码店，你可以去买大码裙子和大码皮鞋呀！不要总是穿这么男性化的衣服。你也可以穿裙子，可以尝试化妆，精致的妆容会让你更有韵味。"

小美说："我再怎么化妆也是个胖得很明显的胖子呀，一看身材就没意义了。而裙子是要露腿的，我不想露我的'大象腿'！等我瘦了再穿裙子、化妆吧。"室友看小美这么坚持，也不再多劝了。

可奇怪的是小美非但没有瘦下来，反而越来越胖了。她一直想减肥，可每次伤心、孤单、难过的时候，好像只有食物可以陪伴她，给她抚慰，她的心里好像有一个洞，需要有东西来填满。可是现在不够好的她，手里什么也没有，她唯一能做的就是买食物，用食物来填满心中的匮乏。

一、活在当下，要接纳自己的不足

如果说价值感是人活在世界上的一个必要支撑，那么把减肥作为人生目标的小美，还没有瘦下来时是感受不到价值的。当一个人感觉不到自己的价值时，会觉得自己做什么都没有力量，他不相信自己可以做到，这样就会形成恶性循环。小美越觉得自己没有力量，就越缺乏毅力去坚持。很多次节食不了了之，很多次运动都无法坚持到底。

马上就要大学毕业了，室友们想筹划一场毕业旅行。小美很犹豫，她想，旅游最大的意义就是拍很多好看的照片，而她还没有瘦下来，没有办法穿好看的衣服、化好看的妆，没有办法拍美丽的照片，这样的旅游又有什么意义呢？所以，小美拒绝了这次旅行。

一场全寝室的旅行，唯独缺了小美。室友很生气地问她："为什么你做什么都要等减肥之后呢？那么多胖女孩都可以打扮，为什么你不可以？你胖不胖和旅游有什么关系？大家去看风景留作大学纪念。你不来，大家会多么遗憾。如果你的人生要等到减肥之后才开始，那么我想你的人生就不会开始。你如果能减下来，早减下来了。别管身材，就从现在尽情享受你的生活不可以吗？"因为室友觉得她减不下来，小美对此很生气，于是摔门而去。对小美而言，减不了肥等于这辈子无法幸福。

日子一天一天过去，小美进入社会后找了份电话销售的工作，不用看身材让她很有安全感。拼命工作的小美，业绩稳居第一。无数个夜晚，她一边为昨天又大吃了一顿宵夜而后悔，又一边为自己年纪越来越大却减肥无望而焦虑。焦虑之后又是通过大吃一顿来抚慰自己脆弱的内心。室友说的话经常回荡在她脑海里，也许她减不下来了，也许她这辈子就完了。

她依然不去参加公司组织的各种活动以及集体旅游，小美想，男生都喜欢美女，没有人会喜欢她这个胖子的。

偏偏同组的小杨被小美工作时的认真、聪颖吸引了，他开始追求小美，想让小美做他的女朋友。小美惊慌地拒绝:"我这么胖怎么做你女朋友呀?同事们会笑我们的,你爸妈也会嫌弃的。与其以后你甩我,让我伤心,不如我们不要开始。或者,等我瘦下来,我们再考虑吧!"

小杨说:"我认识你的时候你就已经很胖了,但是我依然爱上了你。我喜欢你对工作的认真,喜欢你处理事情时的游刃有余,这些都与你的身材无关。不需要等你减肥,我们才能开始幸福。你想减就减,不想减就不减。我觉得你笑起来的酒窝很可爱,你安静时的眼睛很动人。这些都是你已经拥有的东西,站在我面前的你,就是我爱你的原因。"

小美惊讶得说不出话来。她的第一反应是,原来大学室友说的是真的,就算不减肥,她也有拥抱幸福的可能。妈妈说的也不一定是对的,因为减肥不是获得幸福的唯一前提。这样一个大活人站在她面前告诉她,他爱她,爱此时此刻什么都不用改变的她。于是,小美接受了小杨的追求,两个人谈起了甜蜜的恋爱。

小美开始去逛大码女装店了,她发现原来有好多裙子她穿起来都很好看。她也开始学习化妆,原来化妆后的她非常洋气。她还参加了公司的聚会,原来同事们都很友善,一群人玩得很开心。她还去看了已经在另一座城市工作的大学室友,她们一起去爬山、看海,做了很多她以前想在减肥成功后做的事。虽然她还是没有减肥成功,但是幸福已经来了。

二、悦纳自己,要认可自己的优点

也许看着故事的你没有小美这么幸运,你还没碰见改变人生的那个"小杨"。没关系,你可以做自己的"小杨",自己才是自己最可靠的盟友。父母会老去,孩子会长大,朋友会有自己的家庭,伴侣需要他的空间。如果你知道自己才是最靠得住的力量,你就会格外珍惜,而不会随意抨击自己。

我们每个人来到世界上，还是婴儿的时候，快乐是那么纯粹，无条件且理直气壮。那时的我们还没有被外界的意识所侵蚀，也没有被所谓的"为你好"改造。如果小美没有被父母灌输"减肥后才可以开始幸福"这样的想法所洗脑，那么她在学生时代就可以开始做各种尝试，可以去体验各种美好。

而她却陷入了一个误区，那就是幸福需要前提：完成减肥这个目标。生活中的你、我、她是不是也这样？总是在做幸福的追梦人，认为现在的自己不够好，从而给自己设定目标，认为达到那个目标才有资格获得幸福。可事实并非如此，不能活在当下的人，他永远还有下一个目标。不能悦纳自我的人，他永远觉得自己还不够好。否则，就不会有那么多事业有成的人陷入中年危机，感受不到自己的价值。

当我们活在过去时，我们会后悔、羞愧；当我们活在未来时，我们会焦虑、恐惧。小美为什么会越减越肥？因为她寄希望于未来，但"瘦下来"这个未来一直没有来。所以她非常焦虑，无法悦纳当下胖胖的自己，她感到无力。她不断地自我攻击，消耗和浪费自我能量。她给自己内心砸下了一个黑洞，拒绝尝试其他体验，她觉得自己还没减肥成功，就没有获得幸福的未来的资格。

等暴饮暴食之后，小美再回头看过去的自己，离减肥的目标更远了，她既后悔又羞愧，对自己评价很低。于是，内心的黑洞更大了，越减越肥，越吃越多。她从来不悦纳胖胖的自己，她只爱那个减肥后的小美。过去的她不是活在未来的焦虑里，就是活在过去的悔恨里，她从来没有活在当下，去接纳此时此刻不完美的自己，她一直与最重要的盟友——自己——错过。当她开始悦纳自己，认可自己的优点时，她明白当下的自己也值得珍惜的时候，她的力量开始强大，她的幸福也开始起航。

亲爱的读者，请不要与自己错过。幸福的起点就在当下，请悦纳自己。

作者简介

陈桢莹，微博博主@妮妮与心理成长，从事教育培训行业10年。不仅重视提高学生成绩与能力，更重视他们的心灵成长和家庭疗愈。一直奉行育己育人的教育理念，擅长教育、个人成长和心理疗愈等。

探索自我，成就不平凡的自己

很多人做着一份普普通通的工作，说不上喜欢，也不算讨厌，只是因为自己当初选了相关专业，毕业后自然做了这份工作。他们身边也有一些朋友，但是社交圈不大，生活也比较平淡。谈过几次恋爱，却没有找到能让自己有归属感的感情。有时候他们也希望生活能有所改变，但不知道怎么去改变。

对于年轻人来说，最可能困扰自己的问题有两个。一是人生发展问题，如选择什么样的工作，过什么样的生活；二是人际关系问题，如怎样扩大圈子，应该和什么样的人建立亲密关系，以及怎样建立。

如果我们无法处理好这两个问题，就会遇到青年危机。不幸的是，我们的学校和家庭教育，并没有教给我们怎样处理这两大问题，因为老师和家长认为这些不重要，而且他们自己也不懂。可能和你一样，我也遇到过青年危机。

我是"80后"，成长于江苏一个小镇的普通家庭。高考考到了上海，读完了本科、硕士，在一家外企做工程师，拿着一份普通的工资，过着朝九晚五的平淡生活。

当我的工作逐渐得心应手后，我开始感觉生活中好像缺了点什么。在资深的同事和领导的身上，也依稀看到了自己10年后或20年后的人生。我开始有些迷茫和焦虑，我不希望自己的人生就这么平淡，但我到底要过什么样的生活呢？并且我要怎样去实现呢？我不知道。

多年后的现在，我的生活状态变成了这样：

白天，我是一名高级工程师；

晚上，我是一个心理博主，回答过上百个人的问题，同时也运营着与副业相关的社群。

节假日，我经常跟随户外俱乐部的人一起徒步；每年也会有大概3次长途旅行，这些年我去过国内24个省、市、自治区（包括台湾和香港），去过东南亚7国；文章和摄影作品也被杂志录用过。

通过这些经历，我进入了新的圈子，认识了很多新朋友，也遇到过对我人生有重大影响的人。

一、通过探索提升自我

回顾这些年发生在我身上的变化，我发现很重要的一点，便是我在实践积极心理学的核心理念。过去，心理学主要用于解决怎样缓解或消除心理问题，但实际上我们在生活中遇到的问题，大多数并没有达到心理问题的程度，传统的心理学不太适合解决这些问题。

而积极心理学的主题是，通过关注和发展心理积极面，使普通人的人生变得美好与蓬勃丰盈，所以适合每一个普通人应用在自己的生活中。我们通过五个层面可以实现幸福和蓬勃发展的人生，也会拥有更清晰的视野。

1. 积极情绪

比如，我对完成环青海湖骑行感到自豪，对上个月完成的一件有难度的项目感到满意，这些是跟过去有关的积极情绪。我看一部好莱坞大片时的爽快感，我被雅尼的一首音乐打动，这些是我当下感受到的积极情绪。我对明年收入增加感到乐观，对接下来的西藏长途旅行非常期待，这些是和未来有关的积极情绪。当我们拥有充足的积极情绪时，就拥有了愉悦的人生。

2. 投入

当我阅读一本好书,被其中的一个观点或发现所启发;当我把一个思考写在微博上;当我在人文古迹处,寻找好的视角和构图来拍摄,都有一种沉浸投入、忘我的体验,也就是心流体验。

我们需要找出让自己投入、沉浸其中的活动,多去做这样的事情,以产生多的心流体验。

3. 意义

意义感是当我们归属于超越自身的事物并为之奋斗时产生的体验。那些找到生命意义的人更容易感到幸福和充实,也更容易度过困境。比如,我觉得帮助很多人从困惑和困境中走出来是有意义的,你可能认为做一名育儿博主,把好的育儿理念和经验分享给宝妈们,或者成为一名环保人士,改善生态环境是有意义的。每个人都可以找到属于自己的人生意义。

4. 成就

有的人不惜冒着生命危险,只为登上珠穆朗玛。有的人为了追求艺术上的成就,过着常人无法理解的生活。有的人为了在某项竞技项目中达到世界一流的成绩,能忍受超高强度的训练,想尽办法赢得比赛。离我们生活更近的是一些工作狂,他们一心扑在工作上,几乎没有其他的个人生活。他们都把某个领域的成就作为自己人生的终极追求。

5. 关系

当我们获得某个成就时,会希望和朋友们分享喜悦;当我们遇到人生低谷时,会希望有好友或者爱人支持和安慰我们。如果我们被自己信任的、亲密的人伤害,我们会非常痛苦。关系,既让我们感到幸福,也最让我们感到痛苦。如果我们没有拥有好的关系,那么即使有很高的成就,有很多钱,我们也很难真正开心。因为人生来就是社会性动物,价值需要在关系中体现,幸福也最终需要关系来承载。

我们知道了获取幸福人生的五个层面，接下来就是尽可能地拥有它们。

二、挖掘属于自己的兴趣爱好

我自己多年的经验是，挖掘让自己投入其中、饱含热情的兴趣爱好。

很多人对兴趣爱好有一个误解，认为只要是自己喜欢的就是兴趣爱好。但我认为真正算得上兴趣爱好的，是即使没有外部的奖励，如金钱，你仍愿意投入时间、精力甚至金钱去做的，并且能带给你热情等积极情绪的事情，而且这样的事情是需要付出努力的。

我花了很多钱购买心理学的书并阅读，上了很多心理学的课程，我很喜欢投入学习的过程。当我掌握了一个关于人性的奥秘，理解了某个心理的原理，得到某个启发时，都会无比喜悦（投入、积极情绪）。当我把学习领悟到的知识分享给他人、帮助到他人时，我会感觉很有意义，很有幸福感，也能建立连接（关系）。在我的圈子里，我也成了一个心理学意见领袖（成就）。于是我通过在心理学这个爱好上的投入和发展，达到了积极心理学的五个层面。

我花了很多钱和时间在旅行和摄影上。当领略壮丽风景时，我会惊叹大自然的美；当我看到独特的民俗和生活方式时，会感受到人文的美；当我站在古迹前时，会沉迷于人类智慧和灵性的完美结合（积极情绪）。我会观察、选取最好的角度，等待最美的光线出现，拍下我看到的美好事物。我也会通过各个平台，把我捕捉到的美好画面分享给别人，我认为这对我而言是有意义的。

我也加入过一些摄影社团，做过摄影分享会，因此也认识了一些朋友（关系）。我也创作过一些游记和摄影作品，刊登在了旅行相关的杂志上（成就）。我通过在旅行和摄影上的投入和发展，也达到了积极心理学五个层面。

如果你说，按上述标准，自己好像没有什么兴趣爱好。没关系，真正的兴趣爱好完全可以慢慢挖掘，我就是在接近30岁的时候，才挖掘到这三样爱好。

三、按图索骥，找到自己的性格优势

我是在拥有了这三个兴趣爱好之后，才接触到积极心理学的。我因此终于理解了，之所以自己有这三个兴趣爱好而不是别的，就是因为它们符合了我最强的几个优势。

如果你能找到自己最强的优势，并且在生活中多运用，你就能获得更多的积极情绪、更多的心流体验（投入）、更多的意义、更高的成就、更好的关系。

积极心理学通过研究古今中外各种文化中推崇的人性积极面，找到了共通的24种优势，并将这24种优势划分到了6种美德之中。参考下表一条条对照自己过去的经历、做过的事情和产生的感受，以及别人对自己的印象，每个人都能找到自己突出的2~5种优势。

积极心理学的6种美德

美德	美德描述		优势	优势描述
智慧	获得并运用知识	1	好奇心较强	对世界、新事物感到好奇
		2	热爱学习	没有外部诱因（如钱），仍对某些领域有学习的动力
		3	判断力、思维开放	可以全面、多角度思考问题并做出理性的判断，不偏激
		4	创造性、实用智慧	用创新的方式做事，以实现目标

美德	美德描述		优势	优势描述
智慧	获得并运用知识	5	社会智慧、情商	了解他人的动机和感受，并且可以做出很好的回应
		6	洞察力较强	能给他人提供明智的建议和启发，接近于智者
勇气	不利条件下完成目标的意志	7	勇敢	面对危险仍挺身而出（道德），勇于面对逆境（心理）
		8	有毅力、勤勉	有始有终，面对困难也能坚持不懈
		9	正直、诚实	真诚对待自己和他人，不虚伪
仁爱	人道优势	10	仁慈、慷慨	乐于助人，替他人着想，有时甚至会牺牲个人利益
		11	爱与被爱	重视亲密关系的倾向，且有相应的能力
正义	与集体的关系方面的优势	12	有团队精神和责任	对团队忠诚、负责任，具有团队精神
		13	公平公正	放下个人偏见，公平对待每个人，一视同仁
		14	有领导力	有组织才能，能领导团队完成任务，能维护组织内部关系
节制	适度地表现自己的需求	15	自我控制力强	能够管理好自己的情绪、欲望、需求、冲动
		16	谨慎	不说、不做后悔的事，有远见，三思而行，延迟满足
		17	谦虚	不认为自己非常了不起，不出风头

续表

美德	美德描述		优势	优势描述
精神卓越	情绪优势，让精神与超越自我的更宏大、更永久的东西相连接	18	对美和卓越的欣赏	对生活中的美好和卓越表现敏锐，易被打动和感染
		19	感恩	不认为自己拥有的是理所当然的，并心存感激
		20	心存希望、乐观	期待未来更美好，并努力实现
		21	有灵性、有信仰	认为自己的生命有意义、人生有崇高的追求，有信仰
		22	宽容、慈悲	原谅他人，愿意给他人第二次机会，慈悲而不是心存报复
		23	幽默	有趣，能给自己和他人带来欢笑
		24	热忱	充满热情、全力以赴地工作

我比较突出的五项优势的排序是，第 18 项——对美和卓越的欣赏能力较强，第 6 项——洞察力较强，第 2 项——热爱学习，第 1 项——好奇心较强，第 20 项目——心存希望、乐观。其中洞察力、热爱学习和好奇心，决定了我会喜欢心理学，好奇心以及对美和卓越的欣赏，预示着我会喜欢旅行和摄影。只是当我快 30 岁的时候，才有机缘接触心理学，才有条件旅行和摄影。

若你现在的工作并不能带给你强烈的幸福感和意义感，那么你可以找到自己的突出优势，以投入兴趣爱好的方式从五个层面来获得持续的幸福感。并且，通过一段时间的积累，你有可能将其逐渐发展成自己的副业，它甚至能成为你未来的人生发展方向。

作者简介

施晓磊，微博认证心理博主@长腿师歌，10年心理学研习者，专注亲密关系、人本主义和积极心理学，一对一解答数百个人的提问，推崇发展个人优势、活出多彩人生。

被逼到绝处，才知道自信起来有多厉害

一个从小惧怕当众发言的女孩子，一个初入职场的"小透明"，突然因为情势所迫，要代表公司上台对着行业大佬演讲。在孤立无援的绝境之下，她发现，原来"自信"才能拯救自己。

一、建立自信的心理机制，是对自己的充分了解

"今天这个发言，你行也得行，不行也得行！就这么定了。"通话被我的上司不容辩解地直接挂断了。

我的脑子"嗡"的一下，腿开始哆嗦。眼前原本熙熙攘攘的人群瞬间静音，静到只能听见自己心脏咚咚的跳动声。

那是很多年前一个普通的下午。上海一家酒店的大宴会厅里，正在举行一个互联网高峰论坛，出席的是来自全国各地的互联网大佬，还有软银等各大投行的"金融大鳄"。

我，一个大学刚毕业的二十出头的女孩，在一家门户网站的上海分公司负责媒体和公关工作不到半年，被"临时指派"代表公司上台发言，准备的时间只有半个小时。

本来在这种场合，我只需要在会场发发名片，和别的同行寒暄一下，发言这种事是无论如何都轮不到我的。北京总部的董事长提早一天飞来了上海，在会议召开的当天早上去昆山拜访一家企业，说好午饭后赶回来，没想到高速公路上遇到了事故，于是就有了本文开头那一幕。尽管我初入职场，但我也知道，这种情况下无论我是撒娇还是撒泼都没有用。

我躲进厕所，在洗手台前的镜子里看到了自己惊慌失措的脸。我告诉自己，不行也得行，这事关我的工作、我的尊严，以及公司的荣誉。

我迅速镇定下来，开始分析自己。虽然我入职不久，但是公司对外宣传的文稿都是出自我手，我对公司的业务状况、发展前景、长远规划都了解得很充分。我大学学的是文学专业，写作本就是我的强项，上台发言，不就是写一篇发言稿嘛。

我坐在厕所的地板上，掏出纸笔，开始列发言大纲。那可能是我一生中最漫长又最转瞬即逝的半个小时。

很快轮到我上台了。

灯光打在我身上，我望着黑压压的台下，开始了演讲。我按照自己列的大纲，从容自若地讲着，甚至穿插了一个笑话，观众席笑成了一片，气氛一下子活跃了起来。发言结束，还有答疑环节，很多人向我提问，包括搜狐的创始人、携程四君子之一和软银的一个高管。

在论坛结束后的晚会上，北京总部的老大们终于赶到。他们已经从别人那里听说了我这次的出色表现，毕竟我是所有发言人里，年龄最小、资历最浅的一个。我这个"小透明"也成功引起了公司高层的注意，CEO想把我调去北京总部工作。就这样，我成功地通过了职场上第一个重要的"考试"。

有时候自卑并不是源于他人的质疑，而是因为莫名其妙的自我怀疑。我是谁啊？我算老几？我这样会不会被嘲笑？会不会很丢脸？在我们对外部世界一无所知的时候，却先自我预设了危险和恶意。

直到今天，我还是那个对当众发言心怀恐惧的人，但是我时常想起多年前临时被推上台的自己，那个前一分钟还在厕所里瑟瑟发抖，后一分钟就在舞台上对着行业大佬侃侃而谈的自己。这个世界的游戏规则是，很少有机会等你做好了充分的准备。在退无可退的境地，你甚至都没有时间怀疑自己。

要懂得信任自己、接纳自己，以及适时地推自己一把，让自己向前一步，站到追光之下。

二、要获得自信，胆子就要更大一点

时间回到某年一个深秋的早晨，我敲开了大学院长办公室的门，直截了当地向院长表达了我要报考他的研究生的意愿。那时的我已经工作一年，突然产生了强烈的回炉深造的想法。我要考的是本院非本专业，导师是著名的影视剧导演，当时他还是我院的副院长，报名的人很多，而招生名额只有一个。

我非常坦诚地向他表达了自己的意图，讲述了我的本科专业、实习经历和工作经验，并针对他的几部作品谈了自己的感受。院长耐心地听我讲完，也没多表态。然后我就回家开始了艰苦卓绝的考研准备。几个月后，我成了唯一被录取的研究生，甚至PK掉几个本专业的应届毕业生。后来，和我的导师谈起那次冒昧的拜访，他说，那天你来找我，我就觉得你勇敢且自信，这是当导演的重要因素。

好莱坞著名女演员英格丽·褒曼的自传里写过这样一个故事。她高中毕业后立志要当个女演员，于是报考了瑞典皇家戏剧学院。考试那天，舞台下坐着一排面无表情的考官，她在后台害怕到发抖。于是，她急中生智，想了一个办法——扮演一个粗鲁的村姑。她一边哈哈大笑着，一边用夸张的肢体语言蹦跳着跑到了舞台中央。

正当她准备往下演的时候，还没开口念台词，主考官直接打断了她，说："你可以回去了，下一个。"褒曼顿感绝望，可是没想到她最终还是收到了录取通知书。事后她问主考官，为什么她一句台词都没讲就被录取了？考官说，你那样哈哈大笑着跑上舞台，让我看到了你的大胆和自信，这是一个好演员的必备特质。

自信不够，胆大来凑。

人生难免会遇到这样的时刻——面对陌生的师长、严肃的考官、两眼一抹黑的境遇，可是又有强烈的非达成不可的目的。人们对充满自信的人，天然会产生一种信任感。如果你遇到一个机会，那么，唯唯诺诺、胆怯害羞的态度很有可能会让你失去这个机会。

我大学里选修了一门表演课，表演课第一阶段就是让学生学会解放天性，也就是忘记自己是谁，想象自己是动物、植物甚至是某种物体。我们要在教室和走廊里学猫叫、狗叫，甚至学各种动物叫；或者站在校园里一动不动，假装自己是一棵树。解放天性就是教你忘记害羞、自卑与恐惧，让自己变成一个可以拿来随意塑造和运用的道具。

很多优秀的演员也不是随时随地保持自信的，他们在登台前也会焦虑、恐惧，他们化解这些消极情绪的重要方法就是忘记自己是谁，并迅速进入既定角色。

其实人生中很多重要的场合，不正如一个舞台吗？我们每个人都是舞台上的演员。在上司面前，你要扮演的是一个勤奋敬业、踏实忠诚的好员工；在投资人面前，你要扮演的是一个不负重托、使命必达的创业者。

迅速建立自信的方法，就是胆子大一点，再加上一点点小技巧。而这些是可以通过练习获取的。演技并不是让你不懂装懂，或者把不会的、不擅长的"演"成很精通的样子，而是让你把自卑、恐惧、怯懦巧妙地掩饰起来。首先，你需要被看到，才有机会展现自己的实力，才能让世界看到你闪闪发光的一面。

三、爱人爱己，养成自信心态

有没有人天生就很自信呢？

第一章　了解自我，洞悉成功的秘诀

有个女同事，长相平平，性格憨憨的。她认识了一个男生，恋爱一年后结婚。男生很帅，条件也非常好，并且很爱她，从各方面来看，这个女同事都属于"高嫁"。我们都很好奇，一直觉得可能是她运气好，直到参加她的婚礼，听到她爸爸的一段致辞。

新娘爸爸在参加婚礼的所有来宾面前，非常动情地说，我女儿一点都不好看，也不聪明。这些我们从来都知道，我们小心翼翼地呵护她长大，竭尽全力给她最好的物质条件。无论她取得多微小的进步，我们都拼命夸奖她；无论她做什么决定，我们都让她不要害怕，爸爸妈妈支持你。因为她就是我们的珍宝，我们觉得她值得拥有最好的。

台下的我听得鼻子一酸，同时也豁然开朗。在充满爱的环境下长大的女孩子会更自信，也更容易获得爱。

原生家庭的爱，给了你自信，这是一种气定神闲的底气。因为有充沛的爱，长大成人后进入恋爱关系中，才不会斤斤计较谁付出得多谁付出得少。被爱让你对自己更肯定，有自信的人不怕被拒绝，也不怕去等待。

其实我们绝大多数人都是普通长相、普通家庭出身的普通人，原生家庭或多或少会有这样那样的问题。在恋爱中我们也难免害怕付出，害怕失去，害怕得不到同等的回应。如果没有足够的幸运，获得父母家人无条件的肯定和支持，那么我们至少应该懂得把这种充沛的爱给予你的下一代，或者你的另一半。

爱是一种能力，可以通过练习来获得，而自信就是助推器。好好爱自己，才可以好好爱别人。

很多年过去了，那位女同事生了孩子，老公事业做得很大，夫妻恩爱，家庭和美。有一次我们聊天，她突然说："我给你说一个笑话，我直到进了初中，才知道自己长得没那么好看。我父母从小就对我说，'宝贝，你是全世界最好看的小姑娘。'我居然就相信了。"望着她傻笑的脸，我突然发现，自信的女人真美。

随着年岁的增长，我对自信又有了更深一层的理解。

自信变成了一种纯然的不在乎。我不在乎你对我怎么看，不在乎这个世界对我的看法。因为我清楚自己是谁，清楚自己拥有什么能力。真正拥有强大心灵的人不过度解释，不刻意讨好。

有一天当你不再苦苦地在书本和网络上搜索"怎样提升自信"这个命题时，你就真正意义上获得了自信。

作者简介

郝俪舟，微博@黄浦橘长夫人，毕业于上海戏剧学院，本科戏剧文学系，研究生导演系。十年以上电视媒体工作经验，担任几档省级卫视大型真人秀、综艺节目和纪录片总编剧，其中有两部曾经成为该年度现象级爆款，豆瓣和B站评分8.5分以上。2018年曾获第十一届全国微视频短片评选年会"剧情类一等奖"和"最佳编剧奖"。

当妈后我是如何一个人活得像一支队伍的

当妈后,我总是非常疲惫地活着。照顾连续降生的两个男娃,收拾着刚整洁了三分钟,孩子一玩闹就被打回原形的家。每天反反复复,日子像复制粘贴一样,我甚至可以脱口而出下个星期三早晨9点钟的自己具体在干什么:弯腰收拾俩娃刚吃完早饭掉得满是饭粒的餐桌。

意识到自己不可避免地成了一个焦头烂额、蓬头垢面的新手妈妈后,我感到挫败和失落。以前种种自律的行为和习惯都因为孩子的到来而一去不复返了。

我痛定思痛,生孩子并不是放弃自己的转折点,也不是一个妈妈不思上进的借口,而应该是她更强大的理由。于是面对想改变手忙脚乱的日常状态,我下定决心,开始了像一支队伍的自律生活。

一、自律的生活是先知道自己想要什么

当妈妈之前,我希望自己身体健康,充满活力,持续学习,热爱工作;当妈妈之后,我希望将这样乐观、积极的生活态度潜移默化地带给我的孩子。

清楚地知道自己想要什么,是自律生活的根本动力。

在怀孕的时候,我学习各种育儿知识,买育儿书籍,做了很多功课,一是为了科学地喂养孩子,让他健康成长;二是为了让自己在新手妈妈的前提下,少走带孩子的弯路,节省更多的时间和精力,照顾好自己的工作和生活。

因为有了孩子,我没时间学习,不锻炼,不努力经营生活,放弃自己的成长,不在乎家庭的气氛和家人的感受。这些所谓的"因为有了孩子",其实都是一种逃避和借口。

身边总有人问我,哪里来的强大意志力保持自律的生活?自律的本质是改变,很多人不知道自己渴望什么,与其羡慕别人的能力,不如先问问自己:什么是我想要的?再多的人阻拦我,再困难的客观环境对我来说都无所谓,我想要什么?直面内心深处强烈的渴望,并有勇气去承担你可能要面对的负面结果,这才是意志力强大以及自律性高的体现。

二、找到精力最充沛的时间段,优先完成最重要的事

当知道有了孩子后的我想要什么,自律目标和实现动机相匹配的时候,我就开始制订自律计划了。

比如,一天之中个人精力最充沛的时间段是早上起床后的两个小时,我就调节自己的生物钟,在孩子醒来之前,把一天中最重要且必须要完成的事情都放在这两个小时来完成。

有了家庭和孩子,在总是不断被打扰和打断的生活环境中,我试着学会找到自己体能精力的最大值,清楚自己的身体状况,而不是人云亦云地复制他人的日程表。

寻找自己高效率做事的节奏,更有助于找到适合自己高效做事的方法。

找到一天中最能集中精力的时间段,在不被孩子和家务打断的前提下,用这段时间来精进自己,做最难、最重要且必须完成的事情。这样不仅会事半功倍,而且完成后会觉得成就感满满。

三、快速高效完成日常小事的经验方法

完成了最重要的事情以后,剩下的皆是日常生活小事。关于如何快速高效地完成这些小事,我分享一点个人的经验。

1. 经常在心里做倒计时训练

比如,利用烧一壶水的时间,完成洗碗、擦桌子、整理灶台的工件;

15分钟之内完成给孩子洗澡洗头；半个小时左右做好孩子的辅食。

2. 在冰箱上贴个备忘录

缺醋、少盐、没面线，就记在备忘录上；平时孩子铅笔用完了或是需要笔记本，也在冰箱的备忘录中记上。一周专门有一天超市采购日，直接带着清单高效率地购买，省时省力，避免多买不需要的东西。

3. 有自己的宝妈好友团

当妈后的宝妈"革命"友谊，有时候是孩子给的。作为宝妈，可以考虑与和孩子关系最好的玩伴的妈妈们形成同盟，成为互助妈妈小组，相互分享育儿经验。

4. 不当包办妈妈

早上起床，不直接给孩子选一件衣服套上，而是拿出两三件，让孩子从中选一件；周末、节假日去游乐园，不直接安排孩子的游玩全程，而是让孩子自己选择游玩的项目和顺序，然后再给出建议。还可以找出很多类似的事情，来给孩子练习做决定。通过日常琐事鼓励孩子自立，让孩子在生活中学会为自己的事情负责，简单地选择，让孩子成为自立的小大人。

5. 成品提高生活效率

利用周末一家人都在的时候，可以让家人帮忙多包些饺子，或是把卤牛腱子肉等分类分装在冰箱中，以备平时工作忙时或是有特殊情况时，可以快速解决一顿饭，提高生活效率。

当每日高效率地精进自己，搞定一件件日常生活小事而慢慢累积起你的自信时，你会发现，自律的生活没有诀窍，它就像小马过河一样，只不过是对最适合自己的生活方式的经验总结罢了。

四、制定可量化的目标,形成习惯

当你有一颗自律的心,知道自己想要什么,同时也找到了适合自己高效做事的时间段后,接下来该如何按计划实现自律目标呢?

自律的执行,不一定要把目标定得多么远大,但必须不断坚持并形成习惯。把目标拆解成可以尝到甜头的小目标有助于不间断,形成自律的习惯有助于减少意志力的消耗。

比如减肥,生完宝宝后,你想恢复到孕前体重,制定的目标不要是大而泛的"我要变得更瘦"。而是把"我要变得更瘦"换成"我要一个月瘦 4 斤",然后再把这个目标细分成小目标,即一个礼拜瘦 1 斤。为了完成这"7 天瘦 1 斤"的目标,我需要做点什么呢?

减肥三分练七分吃,那就具体到一日三餐的饮食上,每日一点点的增加运动量。

自律的开始是小步改变,稳步向前。更重要的是,不间断、形成习惯。只有形成习惯,减少对意志力的消耗,才是长期自律的根本。

积极心理学之父马丁·塞利格曼在《意志力》里说道:"意志力就像肌肉一样,过度使用就会疲劳,长期锻炼就会增强。"

所以,把目标拆解,降低实现目标的难度,让具体到每一日的任务更加清晰,这样更有助于目标的完成。

完成每日目标之后,记得像你夸奖孩子那样夸夸自己,在心里为每一日的小小进步点赞。

还可以找到有相同需求的宝妈,两个人一起加油打气,找到优质环境,和志同道合的人一起前行。当妈后你会发现,那些常年保持好身材、好习惯的人不一定是天生丽质，但一定是长期坚持。坚持每天一点点精进自己，精神抖擞得像一支队伍，充满力量地解决生活中的各种难题，不断为脑袋中的知识招兵买马，为身上的技能添加装备，为一个想要保护的人不断变得强大。

作为一个妈妈，我想和我的孩子说，因为你，妈妈成了更好的自己，而不是"妈妈为了你牺牲了很多""要不是因为你，我本可以怎样怎样"。人活一世，有缘成为生命至亲，应该心怀感激。

作者简介

王晓云，微博认证问答答主@招财美妈，3年带双胞胎经验，同时半年跑900km，一年看100本书的终身学习者，主张又美又拼的生活方式，活出自己的兴趣和价值。

时刻假装"贵族范",久了真的成了"上档次"的人

由于我在工作中经常需要接触高净值人群（资产净值在 600 万元人民币以上的个人），因此让自己显得高级、上档次，对我来说成了刚需。

这件事并不是简单地买几个名牌包，或者言谈间脱口而出一些品牌的法文名那么容易。炫富的时代过去了，如今人们看重的是气场和气质。作为一个出身非官二代、富二代的普通人，要凭空营造出一种"见过世面 + 出身非凡"的感觉何其艰难，市面上并没有现成的参考资料，于是我只能自己探索。

我把打造"贵气感"这一大工程，简单地分为两个板块，分别是静态板块（包括外形、仪态）和动态板块（内含言谈、举止两个分支）。

一、静态板块打造"贵族范"：外形和仪态的修正

我对于外形打造的灵感，主要来自类似《唐顿庄园》这样的古装剧。如今人们可以将奢侈品的 Logo 罗列一身，但过去的贵族们没有这个条件，也不会这样做。他们为了凸显与众不同，会尽可能地摒弃所有可能在视觉上带来"劳动感"的元素。

牛仔裤、平底鞋、通勤套装、文化衫……这些套上就能直接出门的单品，太容易被人发现自身普通的本质。对于硅谷精英来说，简单朴素是他们方便集中注意力的穿着习惯；对于普通人而言，简单朴素是平铺直叙地告诉大家，"我就是你们中的一分子"的身份牌。

既然要"作弊"，把本是普通人的自己打扮得不那么普通，就要学会适度地伪装。伪装不一定是把自己的特点全部掩盖，或者推倒重来，也可以因地制宜，放大个人最能显气质的局部，强化给人"大场面"观感的氛围。

要放大个人最显气质的局部，就要先找出这个"局部"在哪里。站在落地穿衣镜前，我把自己身体中相对优越一些的条件拎了出来：170cm的身高、瘦长的体型、长脖子、高鼻梁。总结下来，这几样让人联想到的跟气质有关的效果，相对"权威""华丽"这样的词汇，更倾向于"清冷""修长"。

既然自身优点都与舒展、冷清、淡泊、距离感有关，那么生活中离我最近的可参考范本就是芭蕾舞演员，或者是具备一定知性气质的女演员。

于是我选择了模仿谭元元和周韵。

首先，从外形的角度，谭元元和周韵在头肩比上都比我更具备优越性。在着装方面，我首要考虑的就是要有肩线，以及尽量选择盘发或其他可以显头小、脸小的发型。

其次，我还注意到一点，她们的全身穿搭几乎都是成套、成体系的。这种"规整感"，与平日里我们街边常见的为追求方便、百搭而把各种款式、颜色套一身的"凌乱感"，形成了极大反差。周韵的一个翡翠镯子可能就要上百万元，我买不起。那么我该如何选择属于我的同款"平替"呢？

我决定改换思路，挑选出会给人造成谭元元的芭蕾感以及周韵的知性感的元素，然后在这一基础上，去购物网站上搜索单品。谭元元的日常着装其实非常朴素，多见高腰阔腿裤以及廓形大衣，但是当露出修长脖颈的素色长袖一上身，配以行云流水的倜傥举止，名伶的既视感就出来了。

再回过头来看周韵。周韵的气质有一点复古，有一点执拗，最关键的是具备一份静气和从容。当初她凭借一张复古白色波点裙＋红唇的领奖照，刷新了人们的审美。要具备跟她一样火出圈似的美感，最简单直接的办法，就是令身上的颜色最好是极致的一冷一热。

总结下来，其实是摒弃一切繁冗装饰物的剪裁＋强调优越的肩颈线条＋廓形大衣／廓版连衣裙这种增加人物体量感的款式＋拒绝混色，注重纯色的搭配。

初步定下了关于整体视觉的基调，就进入了仪态这一重要环节。

仪态又可细分为体态和神情。谭元元和周韵可以凭借"清贵"气质拔群的关键，其实在于肩颈＋背部的姿态保持得非常好。

为了能够成功模仿到两个标杆人物的精髓，首先需要解决的问题，就是尽快矫正自身因为常年看电脑、玩手机造成的轻微圆肩。

其次则需要掌握更加精妙的表情管理。周韵的表情管理不同于当下流行的时刻保持甜蜜微笑的女团式画风，她的表情是表现出给观众传递适度的厌世感，同时又不显疲态。

反复琢磨周韵在颁奖仪式上的动图，不难发现，名人与普通人的区别在于，名人是时刻"活在当下"，她们深知哪里有镜头，应该给到镜头怎样的反馈，无论是不是真的把心思放在当下的场合里，至少看上去，状态是投入的。而普通人呢？平时发现有人盯着自己，可能都会局促不安，另外会习惯性的眼神乱飘，整个人看着非常无神。也是这种无神＋拘谨，一下子暴露了"没见过世面"的本质。

普通人如我，为了能尽快学到名人同款的表情管理能力，最关键的就是要学会定格眼神和表情，不能飘。

接下来就进入了动态板块。我将言谈这一分支再次细分为音色和交谈两部分。

二、动态板块打造"贵族范"：音色和言谈的修正

谭元元有一次在给内衣品牌做宣传时，有过一段原声的独白。跟我平

时说话时那种带有大量"嗯""呃"的语气词、语速极快、用嗓子说话的发音方式不同，谭元元在宣传片里的声音清晰、端正，给人一种"说一句是一句"的不容置疑的印象。并且，她的发音方式远比我更"靠后"，有股子气沉丹田、说话有底气的笃定感。

在此之前，我还看过关于她的一些采访。在访谈中，我捕捉到了一个很重要的信息点，那就是，普通人因为人微言轻，经常会出现嘴比脑子快的状况。具体表现为，首先，还没听对方说完，就急着认同或反驳；其次，想到什么词拿起来就说，不经过筛选。

而出席过一些重要场合的人，说话方式则是脑子走在嘴前面。他们对不认可的事情不予置评，在自己熟悉的领域，多是客观、简洁地陈述一件事实，而较少抒发关于个人的感受或情绪。在叙述性的语句中，他们也会有意识地把可能不礼貌的词汇过滤掉，选择那些更委婉的措辞。

如此对比分析下来，我言谈中的缺点可以说是显露无遗。但是我也有自己的"土"办法，那就是，平时跟别人微信语言的时候，把语速放慢一半，说完后再回听一遍。

这个办法非常奏效。原因是，平时说话语速太快，很多话说出来的时候是不过脑子的，一旦刻意将语速放慢，大脑就会跟着开始思考。而回听这个步骤则相当于一次小型的复盘。

举个例子，我想跟我的朋友表达，比起卖护肤品，她可能更适合卖零食。换作过去的我，肯定会说："人家卖护肤品卖得好的，基本平时给人的印象就是挺爱收拾、爱打扮的，你朋友圈都是一群酒友饭搭子，这不是现成的卖零食的准客户吗？你别浪费呀！"

这么说虽然也是好心的建议，但是有些太接地气。

经过一段时间的刻意练习，我把向她说的话改为："我觉得你投入时间最多的领域才是你真正热爱，并且最适合你的领域。何况美妆护肤这个赛道目前很拥挤，而你在吃喝这件事上的品位已经比很多人要好太多了！"

这样练习了一段时间，我在潜移默化中开始对筛选措辞的过程越发熟悉。直到两个月以后，很多新认识我的朋友会在背后这样议论我："感觉×××好知性，而且说话让人好舒服……"

虽然这个评价离"高端、大气、上档次"的距离依然遥远，但是对于我来说，已经是一个阶段性的小小胜利。

最后，在举止方面有个重点，那便是摒弃所有细碎的小动作。前文中也提到过，名人与普通人状态的区别在于"定"这个字。不仅是在表情管理方面，在举止规范中，"定"字也尤为重要，即坐就是坐，站就是站。而这种状态跟军人的"站如松、坐如钟"的紧绷状态又不一样。贵气感的举止，因为缺乏劳动感，所以一定表现为松弛和适度慵懒的。也就是说，可以在坐着的时候搭扶沙发扶手之类的倚靠物，但是坐下就是坐下了，这个状态就要定住，不能一会儿抠抠下巴，一会儿揉揉肚子。

至于如何把握好慵懒的平衡点，而不至于沦为懒散，则需要核心力量的加强和稳固。举个例子来讲，走路的时候，既可以大步流星，但脖子和脊背一定是直的，不乱晃的；也可以闲庭信步，但头一定是抬起来的，腰部和肩膀是定住的。

如果说演员立体的五官与普通人平平无奇的长相之间的区别，好比高清画质与普通分辨率。那么摒弃所有细碎动作，行走坐卧都把核心部分挺直定住的举止规范，也是一条在视觉上划分出阶级感的分水岭。

在这方面，我自己也在持续精进当中。在这一过程里，我发现想提升自身的"贵气感",就要时刻通过"镜子"来矫正自己。在找外形参考模板时,对标的女演员就是我的镜子;在提升音色和言谈时,回放的微信语音就是我的镜子;在矫正个人举止、体态时,周围人的反应和身边一切能反光且能映出我形象的物体,就是我的镜子。

这个"镜子"有两个关键的作用。其一,能够马上提供反馈,通过它我可以迅速了解自己是否有进步。其二,在这反复照各种"镜子"的过程中,我越发了解自己,无形中会越发珍视自己,养成对自身各处细节都细心观察、精雕细琢的习惯。

这种对自己精心呵护、小心珍视的态度,不就是自我提升的第一步吗?

> **作者简介**
>
> 　　王瑞麒,微博认证瑶池仙境工作室经营者,兼审美博主@瑶池朱雀雀。曾在知乎发表多篇审美、情感相关的万赞回答,力图通过最自然的方式让每个中国女孩拥有最独特的画风。

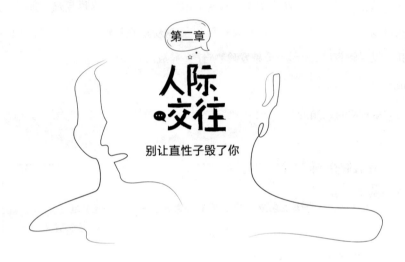

第二章 人际交往

别让直性子毁了你

在与人沟通的过程中，你是否因说话过于直白、不懂迂回而伤人？是否因在交流中不能把握重点而错失交易？是否受家庭影响，不能自信表达？又是否因遇事不敢表达而错过机会？本章将带你探索与人沟通的那些小方法。

自嘲是一项很好的社交技能

身处社会中,我们每天都会遇到形形色色的人、大大小小的事。在这一过程中,我们要和不同的人打交道,这就是所谓的社交。社交礼仪大家都懂,但在日常社交中,我们偶尔也会遇到对话不愉快的情况。

为什么会发生这种现象?一是因为自己说了不经过大脑的话,不小心得罪了人;二是因为别人说了让你不舒服的话,你不好意思发火,但憋着一肚子气。这时候我们该如何巧妙地化解这些不愉快呢?我发现,自嘲是个很好的方式。

一、认知自嘲,获得人缘

记得有一次我和闺蜜约下午茶,我先到店里等她,她来的时候我觉得她当天打扮得不太好看,于是脱口而出:"你今天这身不好看啊!"

闺蜜立马不开心了,气鼓鼓地说:"我这身是新衣服,哪里丑?多好看!"

我当然发现闺蜜有些生气,立马给自己圆场,说:"我就是觉得你怎么每次都穿那么好看,我每次都穿不过你,故意气气你,哈哈。"这样一说,闺蜜就开心了,我自嘲每次都穿得不好看,轻松化解了尴尬。

朋友间相互熟悉,我才会心直口快,但也懂得察言观色。而面对不熟悉的人,说话就要深思熟虑。不过我也遇到过,不熟悉的人说我品位差的情况。

那是在一次朋友的生日聚会上,大家都被要求穿粉色系,大家玩得很愉快。可能是感觉气氛已经相当火热,坐在我身旁的一个本来不熟的朋友对我说:"你衣服的粉色太艳俗,你品位不行,这个颜色不够高级。"

我以前是个要面子的人，别人说了让我不舒服的话，我就会心里生气，想着怎么怼回去，怎么在语言上占上风，以前也许会说："我觉得好看就行了！"如果说不赢对方，我就会感觉气急败坏。

而现在的我立马自嘲回应道："是啊，我品位太差了！我觉得你穿得就很好看！"这句话反而引得大家哈哈大笑，说我的这位朋友也感觉是自讨没趣。我通过认同对方说我品位差，夸对方穿得好看，潜台词就是品位差的我觉得她穿的好看，其实她穿得不好看，这下就轻松化解了我的尴尬。

自嘲的第一步是自己要看得开。内心豁达坦然，面对什么语言都不会有太多的负面情绪，更能自如应对各种情况。

通过认同对方来自嘲这个方法，其实可以用在很多地方。有时候也能增进朋友之间的感情，调节气氛。

我和朋友一家聚餐，他们家孩子个子特别高，朋友和我开玩笑说："再过几年肯定超越你了！"我说："就我这身高，完全不用几年，你也太低估自己孩子的实力了！"我还开玩笑说，以后他们孩子穿不下的衣服，可以给我穿。这里我自嘲了自己的身高，无关痛痒，还能娱乐到大家，我觉得很开心，简直是活跃气氛的必备技能。

懂得自嘲的人，通常乐观又自信，还会把自黑当成乐趣。我认识一个姑娘，长得漂亮，脸胖嘟嘟的，朋友们总开她玩笑，说她脸大。她也不生气，每次都乐呵呵地说："所以我的美丽面积都比你们大一倍呢，别嫉妒我！"姑娘整天笑嘻嘻的，朋友们平时也喜欢和她聊天。

我身边另一位朋友也是胖胖的，经常把减肥挂在嘴边，却又减不下去，也不能接受别人说她胖，内心非常敏感、自卑。自卑的人开不起玩笑，也不愿意开自己的玩笑，严重点的甚至会觉得别人有些话是在侮辱她。

我曾经和她聊过，如果减肥不能坚持，那就开开心心的，自信地做个胖胖的姑娘也不错。正视自己，接受胖这个事实，爱自己，自信的人最美。当别人说你胖的时候，你霸气地回应他们："对啊，我就是胖，按斤论我比你们值钱！"掌握了自嘲这一项技能，也是自我境界的提升，自己和自己和解，日子会越过越顺心。

二、学会自嘲，爱人爱己

也许你会说，我说的这些都是朋友之间的吐槽，没有什么恶意。当我们遇到别人恶意嘲讽时，要怎么做呢？首先，心态要好，不要把他嘲当成恶意的行为，真的没有多少人会真正恶意地嘲讽你，有些时候是因为对方情商低，有些时候是源于你的敏感。

如果真的运气不好，遇到故意刁难你的，就更要和和气气地把这场仗漂亮地打赢。先顺着对方的话走，不反驳，认可对方，再给出巧妙的回击。

我建议，平时可以自己给自己出题，虚拟练习，有助于提高自己的心理承受能力，锻炼自己的发散性思维和应变能力。首先想一想，自己有哪些弱点和缺点是不愿意被别人拿来开玩笑的。其实这些弱点或者缺点确实是无关紧要的，是不值得纠结的事。

比如，小A的皮肤很差，满脸痘坑，总被别人说像月球表面，这时候抓住月球这个点，自由发挥。小A可以说："我每天都在月球遨游，你们地球人不用羡慕，等我玩够了自然会回到地球。"像这样调皮一下，很可爱。

再如，小B长相平平，但是很有才华。如果别人说她长得不好看，小B可以说："我知道人丑就要多读书，面子和里子总有一个要顾到。"这样，更加能体现自己的涵养。

发现了吗？自嘲可进可退，可攻可守，也是对心智和情商的修炼。懂得自嘲的人，在社交场上会更加游刃有余，还能活跃气氛，获得人缘，缓解尴尬，保住面子，甚至有时候还可以教训一下冒犯你的人。当然，自嘲也要有个度，否则就会变成贬低自己。开开自己的玩笑，供大家娱乐一下无妨，但要懂得把握分寸。

如果你实在不知道怎么自嘲，又被别人的玩笑话说的不太舒服，教你一招通用的方法，就是直接表达不满情绪，但是要用开玩笑的语气说。比如说："你这样说就不怕我生气吗？我生起气来可是连我自己都害怕的。"一般类似这样的玩笑话过后，也能缓解自己的不悦情绪。不要较真，以后回首往事会发现，其实真的没多大事，只是年轻幼稚而已。

我们平时看小品、相声、喜剧会发现，自嘲是逗乐观众常见的方式之一。总之，要学会自嘲，需要你有一点幽默感，要豁达乐观、有自信。接纳自己的不完美，正视自己的缺点，甚至把自己的一些缺点看成可爱的特点，试着让自己跳出来，而不是深陷其中。

知世故而不世故，擅自嘲而不嘲人，爱人爱自己，豁达乐观。希望大家都能有这样的心境，自在生活。

作者简介

曹子衿，微博认证 Vlog 博主 @腰缠万贯的美少女，发文总阅读量已达百万。毕业于英国诺丁汉特伦特大学，大众传媒专业，在英期间曾担任过中国学联文娱部长，现从事社交电商新零售事业。

好好说话是提升业绩的法宝

我有一个朋友，名叫小 Z，他在汽修厂当学徒。很多大学毕业后的学生到汽修厂，要经过"师傅领进门"的过程，从这个过程中也能看出这个人适不适合干这个行业。如果喜欢钻研，闻得惯汽油味，那么经过一段时间的实习就可以正式加入这个行业；如果没这方面天赋或者有了新的喜好，转行也可以。

小 Z 看修车专业前景光明，梦想着以后开一个修配厂，回村也能展现衣锦还乡的风采，于是选择了这个行业。可是他干了没几天，就感觉和在学校不一样，经常加班到半夜，干得不好还被师傅教训上几句。一起毕业的同学，有些去了 4S 店做销售员，每天穿西装打领带，收入颇丰，小 Z 心里好不难受，想着自己也不比别人差，别人能干我也能干好。于是小 Z 决定到销售领域发挥自己的才能，实现自己买房买车的小目标。

一、好好说话才能真正了解顾客的心理

小 Z 进入销售部几天后，迎来了一对中年夫妇。于是小 Z 主动迎上前去，陪着二人看了许久，有问必答。毕竟小 Z 是专业修车出身的，对汽车功能再了解不过，从里到外，像解剖一样把车的结构给二位解说了一遍，说得顾客一个劲儿地点头。

男顾客问："价格还能优惠吗？"小 Z 一听，顿时眼前一亮，心想马上就要成交第一辆车了，心里别提多高兴 了。他想着赚了钱可以给女朋友买礼物，也可以请哥们儿下馆子。于是马上和顾客说："当然能优惠了，看你们是真心买车，给你们最低价。"

顾客笑了笑，接着又问了这个品牌与其他汽车品牌的差别，还一个劲儿地夸小伙子真厉害，懂很多知识，然后又问："价格还能商量吗？"

这下小Z有点不高兴了，说："都给你们最低价了，怎么还问，我看你们是诚心买车才报给你们最低价的。"

夫妇二人又转了几圈后说再考虑考虑，便走出了店门。小Z蒙了，心想都给了最低价怎么还要走呢？他们想以什么价格买呢？难道不是真心来买车的？

真的像小Z想象的那样，顾客不是真心来买车的吗？其实顾客也是看了很久的汽车，只是在心里比较哪个车型更好，哪个性价比更高，买了哪个之后老婆能高兴。价格是必须要谈的，不然人家会以为自己是"冤大头"，因此一定要拿到最优惠的价格。不过，客户喜欢这个品牌已经很久了，只要价格合适，今天就买了，没想到销售员还死咬着价格不放。就让了一次价格，这怎么能行呢。客户的老婆在旁边说，他让价那么快，一定还有空间，换句话说就是，顾客的老婆会不高兴。

作为顾客，更关心的是这个汽车品牌的信用度和汽车的性能表现。平时开车上下班，周末领着孩子去郊区，这个汽车能不能走山路，下雨天轮胎会不会打滑，稳定性怎么样，安全配置能解决什么样的突发情况，这才是主要考虑的，都是在性价比高的基础上才行。

从上述案例中也可以看出小Z作为销售员的主要问题出在哪里——他没有从顾客的角度出发。买车人想的是性能感受、使用感受和交流感受，前两点是主观的感受，最后一点是被动的感受。要让顾客对这几点都满意，销售人员就要让消费者的交流感受良好才行，交流当然要顾客满意，顾客舒服，成交的机会自然就会大。

二、好好说话才能让产品的价格转化为价值

品牌的价值和信誉度依旧是销售的王牌，汽车厂商的历史，经历过的重大事件，曾经取得的比赛荣誉、比赛成绩，消费者并不会了解得十分透彻。销售人员如果在这方面做足功课，面对有驾驶情怀的顾客时就能得心应手。一个品牌曾经的荣誉或多或少会影响这类消费者对这个品牌的认可程度，如果他曾参加过某个拉力赛，还取得过团体冠军，那么他定会认为当前这辆车还不错。

当然，价格也是主要的因素，抛开头脑一热的顾客会根据情怀来买车，理智的顾客还是会在价格上跟销售员展开拉锯战的。"再便宜点，再便宜我就买了"，这样的话在汽车销售领域每天都能听到。顾客希望便宜点那是顾客的想法，小Z的问题在于把顾客的角度当成自己的角度，然后陷入一个死循环，顾客要便宜，销售员没降价空间，陷入两难的境地，最后不了了之。顾客没买到心仪的车，销售员错过一次好的机会。

没想到刚入销售这个行业，就遇到了头疼问题，小Z约了原来汽修厂的师傅到小酒馆，把遇到的问题跟师傅唠叨了一下。以前跟着师傅修车的时候，二人经常会交流，交流人生想法、修车技术，师傅也总把自己曾经的故事讲给小Z听。

师傅现在在厂里也是数一数二的修车高手，在小Z眼里，师傅除了喜欢喝酒之外，他就是小Z心中的榜样。师傅听到小Z的经历，给小Z讲了一个故事。师傅的朋友大S曾经也是卖车出身，不过当年没有4S店，就是厂家的销售员，厂里定的销售任务马上就到日期了，还差一辆车，大S为怎么把最后一辆车卖出去犯了愁。

这时来了两个女顾客，看着像是老板和秘书，刚进门就听老板跟秘书说晚上要带大家到××饭店，当天她过生日，所以她请客。大S一听，感

觉有戏，可是顾客徘徊了好久，问这问那，也没有买的意向，怎么能把车卖给她呢？

大S灵机一动，想起了刚进门时顾客说过今天是她的生日，这个时间去买礼物肯定来不及了。不过还好，大S的孩子快开学了，他给孩子买了一个非常精致的笔记本，本打算晚上回去给孩子的，现在便能当生日礼物送给顾客。虽然礼轻但是情意重，大S决定试一试。

他就把包装精美的笔记本送到了顾客手里，说："刚才听说今天是您的生日，我们厂特意为过生日的顾客准备了一份小礼物，祝您生日快乐。"顾客虽然很吃惊，但是也爽快地接受了这份小礼物。大家聊得开心，生意自然就成了。师傅说，大S现在就是师傅汽修厂的S老板。

成功的人自有成功的法宝，问题一直存在，就看怎么解决问题了。这个事件中如果单纯地送给顾客笔记本，也产生不了什么效果，关键点是过生日。

听了故事，小Z也开始在销售过程中逐步摸索属于自己的销售方法。

"我来买车，什么都满意，就差价格这里，怎么就不能让我再满意一次呢，都谈了一下午了，你们就这样卖车的吗？难道就差几千块钱？"小Z琢磨着顾客的想法，是想感受一下驾驶的魅力，于是马上给顾客办了个试驾手续，引导他们左转右转上了高架，在没有多少车的路上把油门踩到底，风驰电掣地飙上一段路，听着发动机引擎的咆哮声，不舒服的感觉悠然释放了。等再回到车行，洋溢在脸上的满足感远远胜于便宜几千块钱带给他的快感。

"我就是上下班接送孩子，你说的这些功能都用不上，价格也不划算。""那好办，把这些功能都去掉，还能给您打个折，旁边的那辆更便宜。

不过空间小，出门旅游就不方便了。对于家庭用车，价格上差不多，还是这辆更舒适。"小 Z 总能找到让顾客满意的办法，虽然无法知道每个顾客的生日，但是小 Z 慢慢知道了过生日的顾客需要的是什么，也知道来店里的顾客需要的是什么了。

通过不懈努力，小 Z 终于卖出了他的第一辆车、第二辆车……

小 Z 如果是老销售员，就一定会知道，价格和价值是买卖中的博弈环节。销售人员要知道如何将价格转换为价值，将有形资产转换为无形资产，将无形资产转换为无价资产，要认识到无价资产在顾客心中存在的意义。其实性能感受和使用感受都是无法用价格来衡量的。消防车的价值并不会因为消防车的价格和使用对象的身价来体现，但是在消防车抢救了价值连城的物品时，价值无形中就增加了。

产品销售业绩的好坏，与会不会好好说话关系太大了。好好说话才能让产品的价格转化为价值。

作者简介

　　麦子，微博博主@查小聪。中国矿业大学工商管理硕士毕业，20 余年国企工作经历，发表多篇国家级论文，擅长基层领域的职场解惑答疑及个人发展战略分析。

鼓励相伴，让我褪下硬壳前行

一、缺乏家庭的鼓励，让我敏感自卑

在我的印象里，父亲是个非常严厉的人，严厉得有点让我害怕。

我上小学时，因为成绩不错，每学期都会得许多奖状。每得一张，我都会高高兴兴地把它贴到卧室床边的一面墙上，躺床上的时候我会美滋滋地看看它们。慢慢的，快贴满了整面墙。

我忘了那一次因为什么事，父亲非常生气。他推开我房间的门，走到那面墙下，愤怒地撕扯着我贴在墙上的奖状。奖状都是用胶水粘的，一使劲就扯烂了。他一下一下地扯着，我站旁边一声声地哭着。父亲说："总看着这些奖状有什么用，就是它们让你太过骄傲了！"

墙上的奖状全被扯掉了，只剩些被胶水粘住的小纸片还挂在斑驳的墙上。

当时我们住的是单位家属区，好几家共用一个垃圾堆，父亲把扯下来的烂奖状随便收成一堆，出了院门扔到了垃圾堆上。

他回自己房间后，我便跑了出去，看见我那些被撕烂的奖状在垃圾堆顶上被小风吹得微微晃动。我左右看看，没有人，就蹲在垃圾堆旁，捡起了碎纸片，大片的、小片的，只要我看到的，我都一张张捡了出来。不想回家，我就在旁边找了片隐蔽的空地，把碎纸片摊在地上，试图把它们拼起来。我边拼边哭，可一张也没有拼好。

后来，我把那沓纸片卷成了一卷，藏进衣服里带回了家。

我把它们放进了我的小抽屉，一有空就关上房间门，拿出来拼一拼。但是因为总拼不全，就慢慢放弃了，它们逐渐被书和本子压到了抽屉的最下面，但是永远也没被我遗忘。

有一年春节，父亲这边的亲戚齐聚我家。我虽然才十岁，但我是小辈儿里年龄最大的，也就成了大姐。大人们聊天，父亲让我负责领着弟弟妹妹们去院里玩耍。

我带着一群孩子在院子里追着玩，我在最前头，突然听到后面有哭声，回头一看，原来是姑姑家三岁的妹妹，不知道怎么摔倒了，趴在地上号啕大哭。

屋里聊天的大人们闻声都走了出来，我的父亲走在最前头，看见妹妹趴在地上哭，赶快冲了过去，一把从地上捞起她，询问她摔到哪儿了。然后他抬起头，在一群小孩里找到我，用狠狠的目光瞪向我，问："你怎么看着妹妹的？"说完立马又转头轻声细语地安慰妹妹。

亲戚们的目光齐聚在我身上，我呆呆地站着，手足无措。

六年级毕业，我们小学有四个保送当地一所重点中学的名额，我拿到了其中之一。在学校听到这个消息，我飞似的往家跑，想把这个消息赶快告诉爸爸妈妈！那条每天慢悠悠走也只用十分钟就走到家的小路，却让人感觉无比漫长。

跑回家时，只有父亲在，他正在厨房准备做饭。我站在厨房门口，来不及喘口气便兴奋地对他喊："爸，我保送一中了！"

我期待着父亲的回应。

父亲却只看了我一眼，转身继续忙着他手里的事，一句话也没说。

我就站在那儿，听着自己喘的气逐渐平息，咧开的嘴角逐渐收回。那时我的心情既像阳光四射的烈日，被乌云一下笼罩，又像刚烧开的正翻滚着的一壶水，突然被海水淹没。

我站了一会儿，默默地转身离开。我成长得越来越像个刺猬，总是竖起全身的刺，性格尖锐，时常对别人有敌意，又内心敏感，能感觉到自己的自卑。我见不到别人的好，且脾气暴躁，特别容易与别人发生冲突。但我知道，这些其实只是为了保护自己。

二、拥有老师的鼓励，让我重拾信心

我非常感谢后来遇到的几位好老师。

初中时，我的班主任姓白，满腹才气，是教语文的。她讲课的时候，各种名言警句张口即来，任何一个作家她都了如指掌。在我心里，她就是我的偶像。

有一次课上，她讲解一篇文章，提问大家"飘"和"浮"两个字的区别。对于前面两位同学的回答她都不太满意，我弱弱地举起了手。她用满怀鼓励的目光示意我起身回答，我说："飘比浮更有一种动态的美感……"还没回答完，白老师就大声夸赞道："×××，你说得太对了！"当时我脑子里仿佛"轰"了一声，老师后面说了什么我完全不知道，就觉得整个人像文章中的白云一样，飘到了空中。

从那以后，我开始更认真地上语文课，还当上了语文课代表，考试一直是第一名。这位白老师对我很好，不时地借我各种书看，她见我特别喜欢泰戈尔的《飞鸟集》，便说赠予我，不用再还她。晚自习时，她也特别允许我有些作业不用写，用多出的时间看课外书。我对阅读的喜爱，在她的浇灌下，更加恣意地生长。

还有一位教数学的老师，姓刘，瘦瘦的，高高的，戴着金边眼镜。有一次刘老师当着全班同学的面，把我的作业展示出来，说："看，这就是模板！我每次批改作业根本不用看名字，就知道这本是×××的，浅蓝色的墨水,字体秀气,格式排列整齐,计算从来不会出错,这样的作业令人赏心悦目!"

于是,以后的数学课我学得更加认真了,每次随堂测试,我都能第一个完成作业。当大家还在埋头苦干时,我光荣地起身,把作业交到讲台上,再昂首挺胸地走出教室,第一个奔向食堂。

我还记得一位英语老师,她身材不高,圆圆的脸,头发披在肩膀上,她笑起来的时候,左脸颊上还有一个深深的酒窝。她夸我发音标准,总让我带头读课文,送了我人生中第一个英文名。

为什么至今我都能记住这些细节呢?

因为这些人、这些事,像是给到贫穷孩子手里的一块糖,像久涸的泥土遇到的一场春雨。这块糖,这场雨,让我知道了原来被鼓励是多么高兴,被人欣赏能给予自己多么大的动力!

我整个人也开始慢慢柔软下来,会学着柔和地对待别人,会试着找到对方的优点去夸奖,慢慢的,我还学会了幽默地与大家打闹。

三、与孩子相互鼓励,成就自信人生

后来,我看了一些有关原生家庭的书,我将觉察到的家庭影响与感受统统写了下来。看到逐渐老去的父母,我决定与内心里那个小时候的自己和解。从那以后,我仿佛彻底褪下了外表的硬壳,整个人开始重生。

生了孩子以后,他们简直就是照耀我生命的那一束最亮的光。我不想让他们重复我儿时的感受,所以我全身心陪伴着他们一天天长大。

他们的每一次尝试,我都会投过去鼓励的目光;

他们的每一次进步,我都会为他们大声地喝彩;

他们的每一次失落,我都会陪他们一起叹气惋惜;

他们的每一次调皮，我也会无可奈何地笑笑，尽量多给予包容。

哥哥大南从小学习围棋，参加过很多比赛。让我印象最深的一次，是在两年前，三段升四段的那一场比赛。

那次比赛的第一场在 A 市展开，大南没有赢得规定的局数，失去了升段机会，那是大南参加比赛以来第一次升段不成功。虽然我和他都没谈起结果，但我知道他心里有压力，毕竟以前每次比赛都太顺利，他从没品味过失败的滋味。而且如果第二场还不成功，就要等到下一年。

那会儿正值盛夏，老公出差，我只好自己开车带着两个孩子去了 B 市，为参加第二场比赛做准备。

3 天，9 局比赛，每局短则一个小时，长则两个多小时，对 10 岁的大南的身心是不小的挑战。他比赛的时候，我就带着小北在广场上一个太阳晒不着的小花坛旁边玩，正好能看见赛场出口，一见有孩子出来，我就眼巴巴地望着，看有没有大南的身影。

进赛场前，我和弟弟都会给大南加油鼓劲；出来后，我们都会高兴地迎接他。

到了最后关键的一局，赢，他就升段成功；输，我们就得打道回府，来年再战。

陪大南去赛场的路上，我心里很忐忑，大南也没说话，低着头走着。快到赛场时，他突然对我说："妈妈，要是这局输了怎么办？"我的心一下就揪了起来。大南是个遇事比较淡定的孩子，每局比赛的结果如果不由他亲自说出来，别人是不会从他脸上看出端倪的。所以，我一直担心他心里承受着压力。

我赶紧抱着他，对他说："孩子，比赛你尽管去比，坐下后面对棋盘，只想自己的布局，只想下一步该怎么走，不要去想结果！你下了这么多年棋，妈妈始终相信你的能力，无论输赢，我眼里的你都是无比坚强和努力的好孩子，这不是任何结果可以代替的。你放心去，妈妈和弟弟就在这儿等着你，下完了咱们去买冰激凌！"

大南从我怀里挣脱出来，对小北说："你等着哥哥出来啊，我们一会儿有冰激凌吃喽！"

小北高兴地拍手："有冰激凌吃喽！"

大南转身朝赛场走去，小北对着他的背影大喊："哥哥加油！"小北声音太大，周围的人都看向我们。大南回头羞涩地冲我们挥挥手，说："妈妈，谢谢你，记得答应了买冰激凌！"

对大南说的这段话，让我也重新平静了下来，再也不担心结果。虽然是鼓励他，但也是鼓励了我自己。我是他的妈妈，我会陪着他迎接一个又一个困难，没有什么能难倒我们的坚持！两个小时后，我看到了大南一出赛场后灿烂的笑脸。

我的内心和孩子一起重新成长，我仿佛看到了小时候的自己，齐耳短发，站在院子里的水池旁，对我说："你做得真好。"

我对孩子们的鼓励，就像播种一样，也给了我很多收获。大南在一篇作文里写道："妈妈是清晨的露珠，是发光的钻石。"小北时常会在我做饭的时候跑过来说："妈妈，您辛苦了。"还会突然来一句"这个世界上没有比妈妈更美的人"。

他们跟小时候的我完全不一样，他们温暖、体贴，与他人相处融洽。

我不知道他们的未来会怎样，但我相信鼓励相伴，他们的内心会比我更强大，他们的人生之路会比我走得更平坦。

作者简介

南悠然，微博认证教育博主@指南姐。12年专注育儿教育，把工科思维融入日常教育，擅长发现孩子优势，助力孩子成长，曾获得过教育局颁发的优秀家长称号。

勇敢又真实，是重要的社交能力

生命很短暂，所有的人都在告诉我们，不要说自己不行，不要承认自己害怕，不要浪费时间去忧虑，要变得阳光、积极，才能吸引更多的正能量。

承认自己不行，是真实的展现，而真实胜过完美。当我们认识到真实的魅力，接纳自己的真实，用真实的自己去面对工作，鼓起勇气去拥抱生活时，一定会深刻地感知到勇敢又真实是比完美更好的东西。

作为一个"双非"的法学生，我曾经干过一件疯狂的事情——大学毕业舍弃本专业到一个完全陌生的行业，并快速成为 Top Sales。

大三司考失利后，不服输的我跟随管理系的好友，征战各大招聘会现场。法学专业是就业的重灾区，何况我还没有资格证，我经常带着 20 份简历出去，回来手里还捏着 10 份。

在一次的大型招聘会中，我在等待好友时，闲来无聊，便去了一家看着还不错的管理咨询公司"霸面"。夹缝中求生存就必须胆大心细，没过几天我就被通知去复试了。

企业管理咨询顾问其实是"顾问 + 销售"，一个优秀的顾问要能找到客户的症结，并提供解决方案，还要在有限的预算内匹配最佳的资源。要干好这个行业，就必须具备管理学知识和销售能力。这对于一个对人力资源一无所知、对销售毫无了解的法学生来说，是一个巨大的难题。

一、真实表达获得机会

虽然大学时期学生会副主席的头衔和大量的社会实践经历给了我一块敲门砖，但是顺利通过后面一轮、二轮、三轮面试，得到老板的认可，顺利进入公司，对我而言，无疑是很大的挑战。

我给自己制定了三项策略：了解公司与行业情况、恶补管理专业知识、态度真诚。

第一轮是笔试，第二轮是性格优势测试与职业发展潜力测试，第三轮是小组讨论，考察团队协作能力与领导力，第四轮是销售主管面试岗位符合程度，第五轮是老板终面综合素质与抗压能力。前面四轮我都顺利通关，而第五轮简直是炼狱般的存在。

早就听闻老板是一个老牌留学博士，非常喜爱学习，特别看重员工的学历背景和学识水平。当我走进老板办公室，看到一整墙的管理书籍和老板那厚厚的眼镜片时，我的脑海里一片空白。

老板问了我五个问题，大概是关于世界上很出名的一些管理学大师以及他们的经典理论和著作，本来肚子里就没几滴管理学墨水，再加上紧张，我耳朵里嗡嗡作响，只看见老板的嘴在一张一合，根本听不懂他在说些什么。

老板看着我眼神呆滞的样子，也流露出了失望的表情，重重地叹了口气。那一刻，我心里难受极了，仿佛置身南极，却热得满头大汗。最后老板为免我过于尴尬，就问了一个非常简单的问题，打算维持一下我残存的尊严，然后打发我走。

"你为什么觉得自己能胜任这份工作？"

虽然五个问题，我一个都答不上来，自尊心已经被狠狠地踩在脚底碾压，但离成功只差一步，付出了那么多的努力，就这样付之一炬吗？此时，我唯有最后奋力一搏。

我对老板说："我完全不符合贵公司的招聘条件，我不是"211"，也不是"985"，没有任何的管理学知识的积淀，但我能坐在您的对面，这就是我的本事。也许我并不符合您的用人准则，但您给我一个机会成长，我一定会回报您一个不一样的管理咨询顾问。"

当我看到老板嘴角微微上扬时，我知道，我成功了。

二、比别人多向前走一步

考验才刚刚开始，同一批进入公司的20几个实习生，只有3个非"985"、"211"学校毕业的，大部分人都是管理相关专业毕业的。当大家畅聊彼得·德鲁克、五力模型的时候，我像在做法语听力测试一样，一脸茫然。

要学习的东西太多，当比我厉害的人都在拼命努力的时候，我内心很惶恐。不想成为最先提包走的人，那就从"比别人多向前走一步"开始做起。

别人打100个有效电话，我打180个；大家找世界/中国500强企业名单，我就去逛招牌网站；大家去市中心扫街，寻找知名品牌，我就买张去广州的大巴票，去广深高速路上盯广告牌，甚至去A股上选公司；大家都争取北上广的出差机会，以便寻找潜在客户时，我选择去艰苦又遥远的云南淘金。

又是绿皮火车又是大巴，折腾了近40个小时，我来到云南省德宏州芒市，它位于我国西部最边陲的自治州，是与缅甸交界，有傣、景颇、傈僳、阿昌、德昂等多个少数民族的城市。我的客户见到我的那一刻，她紧紧地握住我的手说："小姑娘，你真的太不容易了，能这么远来到这里，接过无数咨询公司的电话，但是你们是第一家真正来到我们面前的公司。"

在这里，4元钱打个的士可以在市区转上好几个圈，花40元就可以住进当地最奢侈的酒店。半夜要自己点蜡烛，我害怕吗？我非常害怕，我尽量打扮得像个当地人，少说话，不出去吃饭，全靠泡面充饥。但我的收获也是巨大的，我获得了客户沉甸甸的信任。

三、勇敢在竞争中另辟蹊径

成功度过了实习期，竞争的压力丝毫没有减弱，大家都在争取唯一的可以坐进最里面办公室的机会，成为 Top Sales，获得公司最多的资源支持。

当大家都盯着跨国企业、制造业的时候，我发现近几年迅速扩张的国内珠宝行业还没有人留意。这个行业和我们自身非常成熟的通信行业的管理培训非常相似，都有大量的门店管理压力，辐射全国。

十年前，国内的珠宝行业刚刚兴起，他们专注于迅速扩张自己的业务面，还没抽出手做管理体系的优化和培训体系的搭建。我在网络上联系到的很多培训专员几乎都是兼职，各级员工的培训也在有一搭没一搭地做。

我一直都找不到合适的点切入进去，直到有一天，天津的一个培训专员告诉我，华中、华北、华南、华西、华东五大区的人力资源老总以及培训骨干将在深圳召开年度培训大会。

我认为这是一个绝佳的机会，便想带着有针对性的产品手册直接去会议现场，做会议营销。但是由于我初出茅庐，领导层都不认可我这种大胆又冒进的想法。

但我笃定这样的做法是对的，于是我加了一个月的班，私下找产品部门相熟的同事帮忙，制作了一本专门针对珠宝行业的产品手册。我与印刷厂联系，印了 80 本产品手册放在行李箱内，搭公交车去会议地点，开启一个人像一支部队的战斗，按照我提前想好的三步走计划，一步一步推进。

当见到总部负责全国培训规划的老总时，她非常惊讶，从头到脚打量着我这个乳臭未干的丫头片子。一场这么大的会议营销，前期的准备以及现场的执行都只有我一个人，她质疑我哪里来的勇气。

我告诉她："虽然我不是管理专业出身，业务上有不够专业的地方，但我经过大量的案例研究，发现通信行业与珠宝零售业，有着非常大的共通之处，我们公司丰富的经验对你们是有价值的。虽然我是一个新人，公司不看好我的判断,但是价值就是连接客户的纽带。"

我制作的手册得到了培训老总的认可,她当即在会场分发。我迅速与华中、华北、华南、华西、华东五大区的关键人物联系上,并邀请他们去我们公司参观交流。

接下来,有了公司的支持和扶持,团队推进效率实在是高太多了,我也在一年半的时间内坐进了 Top Sales 办公室。

很多人会觉得专业是行业的敲门砖,殊不知勇敢且真实更重要。塑造自我,是很有必要的,但是我们不能仅仅学习"伪装术",只包装"外在的我",而是应该由内而外地变成"更好"的自己,让"外在的我"与"本我"有高度的重合性。

这个世界有太多幻象,所以真实显得尤为珍贵。如果一直觉得自己的生活乏善可陈,那么不如现在做个深呼吸,带着勇敢而真实的心,不惧孤独地开始你伟大的历险。

作者简介

梁子月,微博认证知名法律博主@法学御姐,写作内容围绕日常普法、女性维权和个人成长三个方向。4个月实现粉丝增长 7 万+,升级微博红V,收获逾 5000 万的阅读量。双非本科毕业,有三次"白手起家"的经历。第一次:大学时司考失利,一年半坐进 Top sales 办公室;第二次:半年时间考入体制内;第三次: 29 岁考入中国政法大学读研。

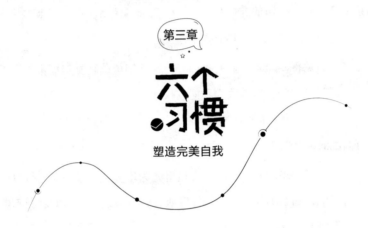

第三章
六个习惯
塑造完美自我

你是否在做决定时犹豫不决，做事时拖拖拉拉？是否遇到难事总是停滞不前？是否制订好计划又不能坚持执行？是否看着自己日渐懒惰却不愿行动？是否不敢放手去做自己想做的事？阅读本章，你想要的答案这里都有。

学会比较，拒绝犹豫人生

每天起床时，我都会坚持做70个仰卧起坐，不多也不少，但是有效果的。毕业后吃吃喝喝，缺乏锻炼，有了明显的啤酒肚，做锻炼就是为了能更健康。

但是习惯形成的过程中，我也曾经历过一些犹犹豫豫的事情。

一、不要在犹豫中浪费锻炼的机会

最初的时候，我犹豫要不要通过健身房来锻炼，健身房毕竟很专业，身边有一些同学也报过。小区门口经常会有一些健身房的工作人员在发传单广告，看广告确实挺吸引人的，也去过一两次，所以经常会想要不要去健身房锻炼。

但去健身房这件事并不适合我，我没有那么多的时间，晚上10点多才能回家，只能周末去。但是周末还是大小事一堆，往往一个月都去不了几次，就这样，一年很快过去了。回想这些事情，因为经常纠结要不要去，做决策时间太长，也耽误了本来要跑步的时间。

最后我放弃了这条路，选择跑步。跑步的时间就自由多了，晚上下班就能在小区附近跑。平时也没有时间多在小区逛逛，跑步的时候能多看看周围的人或者店，也挺有趣的。周末早晨也可以晨跑，跑完步洗个澡，身体的每个细胞都能感到舒爽。

但后来又有了问题，每次从公司跑步到回家，大约花费40分钟（如果跑的时间太短，就什么感觉都没有），回来洗澡需要一个小时。下班时已经晚上10点，跑完步就只能睡觉，其他的事情都干不了，有时候跑完步身体会保持兴奋，晚上一时半会儿睡不着，非常影响第二天的工作。还有一些外部因素，如刮风、下雨，就得停止跑步。于是我又进入了一段时间的犹豫期，一到晚上，就犹豫要不要去跑步，甚至有一个月不锻炼的事情发生。

但是这一次，我突然觉得自己不能像上次那样在犹豫中浪费太多时间，便开始寻找其他的方式。我开始认真地分析有氧运动和无氧运动的区别，查了一些专栏知识，了解人体功能系统的运行原理。

做完功课后我决定尝试在家做一些有氧和无氧运动，同时结合着周末跑步。居家运动的教学视频有很多，我尝试了一些，一旦发现不适合自己，就立刻换，进行新的尝试。现在我养成了每天早上做仰卧起坐，两三天做一次有氧运动视频操跟练（30分钟）。有氧运动并不是很累，恢复得也快，同时效果显著，一切贵在坚持。

这一次的比较行动，让我拥有了更健康的身体。

二、不要在犹豫中错失更适合自己的工作机会

从西安毕业，到现在来北京已经两年半，中途换过一次工作，是转行。话说起来，里面也有犹豫与果断的故事。

我最开始的工作接触的是硬件，也就是给一种特殊的芯片里面写程序。刚工作的时候，我真的很认真，每天晚上10点多下班，我和组内的另一个新人，每个月都是整个公司加班最多的两个人，对工作非常上心。

可我逐渐发现，这份工作并不是我想要的，工作内容基本上就是按计划执行。上面需要开发一个什么功能的机器，然后组内讨论用一些功能芯片拼下，程序代码也是相对固定的，比较好操作。这些工作并非不是没有技术含量，我们也经常遇到很多难搞的技术细节问题。但我觉得整个项目开发过程没有很好地体现个人的思考，个人成就与存在感不强。

尤其是与跟我合租的两个搞人工智能的小伙伴相比，他们在项目中的主观性更多一些，项目能体现更多的个人思考。工作三个月之后，我就开始犹豫要不要转行。

念头一起，便一发不可收拾。一开始我是和一起来公司的小伙伴交流讨论，有人说不要急，才工作多久就开始浮躁，说我不踏实；也有小伙伴看出了人工智能的前景，直接跳槽到研发人工智能芯片的相关公司；还有一种意见是，可以先自学，学差不多了再出去面试看看。

三种建议我好好想了想。对于第一种，我又认真工作了两个月，认真思考了自己的工作，和其他同学的工作做了对比，最终还是觉得当前工作不适合自己；对于到人工智能芯片领域负责开发工作，这是一个妥协的路子，也不考虑；那么只剩下转行这一条路。

方向一定，接下来就是实施的问题。大多数身边人的意见是先自己学，学好了再出去找工作，不能辞职学，因为成本大，风险也高，我接受了这个建议。但是后来我发现，这个方法有很大的问题，就是一心不能二用。

上班时间是不能学习的，但有转行的心思之后，心思就不完全在当下的工作上了，上班时间也会想学习的事情。下了班进行的学习断断续续，刚进入状态，就到了必须休息的时间。犹豫着就到了第二年春天，我终于下定了决心——辞职学习。从辞职学习到找工作一共花费的时间，我给自己定了 4～5 个月。

实践起来比想象中要顺利一些，在同学的帮助下，我得到了很多资料，还参与了许多人工智能论坛举办的比赛。学习 3 个月后，我开始找工作，顺利拿到了几个 Offer。

果断选择，让我拥有了更加适合自己的工作。

三、犹豫的时候应该如何调节？

（1）犹豫是因为对外在事情不了解，所以迟迟下不了决心。

选择很多，A 和 B 不知道选哪个好，怕浪费时间与精力。这时候我的意见是多多了解接触，花一些成本去接触，但不要一开始就全投入。刚开始时我们得到的资料毕竟少，犹豫中包含不熟悉的恐惧，也有担心失去很多的疑虑。这些都是心理作用，不用太担心。果断去接触，花一点点成本，就能得到非常多的信息，后面就可以很好地作决策了。

(2) 犹豫多是因为对内在的自己不了解，不知道自己真正想要什么。

客观来讲，做任何事情，终究都有成本，包括时间、金钱或者情感成本。具体到事情上，要看自己的内心愿意承担这些成本中的哪一个。从心理学角度，精神分析派的弗洛伊德认为，人的人格由本我、自我和超我三部分构成。本我是最原始的部分，代表着我们作为人最基本的生理需求，只要自己开心即可；自我是自己思考在现实的角度能做的事情，是理性的部分；超我是道德、良心和理想的结合，是完美主义者。

比如健身，本我认为躺着最舒服，超我是天天都要坚持完美锻炼，最后我还是结合考虑了。很多犹豫都和这三部分相关，需要好好协调处理。犹豫时思考下这些，对早下决定、及时行动很有帮助。

作者简介

思浩，微博@开心心理学研究员。西安电子科技大学机电工程学院硕士研究生，现任某互联网公司搜索算法工程师一职，爱好心理学。

很多难事,不断重复也能变简单

美国作家格拉德威尔在《异类》一书中提出了"一万小时定律",大意是说,不管做什么事情,只要坚持一万个小时,基本上就可以成为该领域的专家。对于我们很多人,将目标拆解到具体环节,在每个环节重复练习,受主观、客观条件的影响,即便不满一万个小时,通过持续的学习、训练,都能收获或大或小的成绩。

一、不断重复,打好坚实的基础

跟同龄人相比,我接受英语启蒙并不算早。我的家乡是个小城市,20年前我刚开始学英语时,互联网还不发达,所处环境闭塞、落后,对英语学习的认知基本来自书本、磁带和中央电视台的英语节目。

父亲早于学校给了我英语方面的启蒙教育,让我在英语各方面的表现远远超过了班级同学。虽然老师担心我会因此而骄傲自满,时不时会"敲打"提醒一下。但其实老师布置的作业我都会认真完成,从未敷衍了事。

至今我仍记得我们每次抄写单词的作业要求:五遍单词、三遍音标、两遍汉语意思。这对于应试教育下的英语学习来说,最科学的点在于,做到了"重复"。现在市面上很多帮助记忆单词的 App 都遵从"艾宾浩斯记忆曲线",就是更为科学地安排时间复习、重复。我除认认真真完成作业午饭时间看英语节目、做额外的功课外,也没有做其他的补充,仅仅是做到了一名好学生的"基本修养"。

上高中后的假期,我又在父亲的督促下将新概念英语最难的第四册的第一篇课文背得滚瓜烂熟。滚瓜烂熟到什么程度呢?不说倒背如流吧,但随便从文章任何一处开始,我都能无缝衔接地往下背,甚至还能背出一种节奏感，配上音乐大概能唱起来。怎么背的？没有秘诀，就是重复，翻来覆去地朗诵。

这件事奠定了我在英语阅读和写作方面的扎实功底。尤其是面对长难句式，拆解和输出都很顺畅。同时，运用起较高级的词汇，我也更容易找到感觉。

这两项操作听起来并没有什么特别，直到后来，有幸与来自北京四中、人大附中、师大二附等知名中学的优秀学子坐在同一个高考考场，面对同一份考卷，我的英语成绩仍然排在前列。我这才意识到，靠着"重复"地读、写、背打下的底子，能量是多么强大。它让我在战略上和心理上不占任何优势的时候，靠着实力打了个胜仗。

读本科期间，作为非英语专业的学生，我有机会参加专业英语等级考试。虽然不是我本专业的要求，但有这个机会，多考点证也不是坏事。抱着这种并不是"非过不可"的心态，专四轻松拿下。复习专八的时候，正值毕业前夕，人心浮躁，面临求职、考研或留学等去向的选择，我趁着寒假，耐着性子做完了一本习题，也是没有悬念地通过了专八考试。

后来我出国留学、工作、生活，这点经历都在无形中给了我些许底气。之后我就读于世界排名前列的名校，周围的同学、朋友不乏来自国内外各大院校的高材生，甚至有各省市当年高考的前几名这类"学神"级别的人物。但是坦白讲，当时身边大部分人还处在"学生思维"的阶段，大家对于学术的探讨自然是非常严肃的，若是没点底气，真的不好意思与别人做朋友。靠着毫无技巧可言的"重复"，我再一次生存了下来。

通过"重复"，我在学业上拿到了一个尚可的结果，用一句流行语来点评该方法就是"亲测有效"。通过对身边亲友的观察，无论是在学业还是在事业上，但凡小有所成的，都经历过"重复"的苦，也尝到过"重复"

带来的甜。

二、成功的背后是不断地坚持重复

近几年，跑步、跑马拉松在海内外老中青各个年龄层都很流行。我也有在接近三年的时间里，平均每周练习 3~4 次，每次跑到一个多小时后，越跑越带劲儿的经历。大部分喜欢跑步健身并追求成绩上有所突破的人，对长跑都深有体会，这个过程需要耐心、毅力和韧劲儿才能达到预期目标，稍有松懈就会前功尽弃。

有位密友曾经是长跑运动员，作为体育特长生"跑"进了国内 TOP 2 院校，也是当年该校长跑项目唯一被录取的学生。我认为一个能够在自己领域里做到拔尖的人，有过成功的经历，更有能力和底气在往后的人生中继续"复制"成功的想法。我曾经特意找他深谈过一次，让他讲讲自己的经历。

当年他分析自己的优劣势之后，自认为在长跑方面有一定的天赋，于是决定了走体育特长生这条路，密友的目标就是清华北大。既然自己选择了这条路，对家人和自己就都要有个交代。有天赋不能浪费，更需要努力，根本没有偷懒的理由，只能全力以赴。

国内大部分运动员以训练4周、调整1周（共计5周）为一个训练周期。冬季和夏季天气条件相对苛刻，所以冬训和夏训一般会进行更为集中的训练。应了句老话："冬练三九，夏练三伏。"不过冬训和夏训又有区别，冬天更适合练耐力，夏天更适合练速度。

他们的训练过程大概是这样的：每个训练周练六天休一天，每周至少跑两次 18~36 公里，算下来平均每天跑量在 18 公里左右。随着时间推移，跑量增加，速度提高，个人身体极限一次次被挑战，信心也在逐日增强。

以冬训为例，一般是耐力训练课。听着很专业，其实就是在训练场中一圈接着一圈重复跑，以跑"量"为目的，训练场标准跑道一圈为 400 米。北京的冬天格外寒冷，不时还会刮大风，除了硬着头皮跑，没得选择。普通人锻炼很难体会到的寒风刺骨，他们都得咬紧牙关往肚子里咽，一圈一圈地跑，一圈一圈地重复。优秀的长跑运动员跑一圈的步数和呼吸次数基本是固定的，70~90 分钟的时间里，保持节奏稳定，谈不上太多技巧。

极端冷的天气下，呼出的气体会让睫毛和头发结冰。强度训练课中，运动员经常会在冲刺时眼冒金星；素质训练课需要练习脚踝、膝关节、腰背、上肢的力量，以及髋关节等部位的协调性。如果冬天储备耐力不足，开春后成绩很难有所突破。

我问密友，时隔十几年，这些细节还记这么清楚？他说："当然记得清清楚楚，重复那么多遍，就像呼吸一样自然，是真的要吃苦。不光是练习要重复，我们休息时也要反思，教练也会反复地指导、督促。耐力课、强度课、素质课、饮食、睡眠等各方面缺一不可，出了问题，就一条一条梳理哪里做得不到位。"

绝大多数人觉得拿冠军是一件遥不可及的难事，光说吃苦，现在很多人一听就连连摇头。我们把冠军之路拆分到每年、每月、每周、每天，无非就是重复地训练、休整和复盘，哪有那么多不可言说的秘诀和内幕。要说有技巧，也不过是在一遍遍的重复训练中，肌肉强化形成记忆，个人对于全程节奏进行把握，对身体和情绪进行调整与控制而已。但是我们很多人，做不到一百遍、一千遍、一万遍，根本没有机会有这样的体会。

我为什么相信"重复"的力量呢？就是因为我和周围的人都有因为简单事情重复做，得以不断地在竞争更为激烈的环境里立足或者在一个领域中名列前茅的经历。做成这些事情带给我们信心，让我们获得荣誉和认可，更重要的是让我们有了底气，让我们有机会不断站上更高的舞台，体验人生的辽阔。

无论是学习还是运动，哪怕是更为复杂微妙的人际交往或自我斗争，我们都有底气面对世界上绝大部分不那么容易的事情。只要给到一定的时间，把它们拆解，按照环节一个一个重复操练，我们总能把它们做好，甚至做得很出色。要得到这样的成绩，其实并不需要超人的天赋，只要有耐心、有毅力地简单执行即可。

在执行过程中，也无须那么多的彷徨、迷茫和纠结。只要重复到一定的程度，就已经超越绝大多数人。

作者简介

千面金融女，微博同名。毕业于美国约翰斯·霍普金斯大学凯瑞商学院，5年工作经验，现任职于某央企金融机构，从事投资工作。擅长中英文写作、商业模式分析、投资价值判断、商业保险方案设计等。

你自律的程度，决定了你人生的高度

一个男人若是自律，即使人到中年也很难有"油腻感"；一个姑娘若是自律，便总是能让人高看一眼。于是"自律"这个词频频出现在大众面前，成为更高级的人生代名词。

一、自律就是克制欲望，管住内心，坚守原则

自律表现在生活作息上，他们日复一日地重复着标准化的时间表，掌控所有自己能够掌控的时间。早晨的时光是最容易把握的，因为无人打扰，可以随心安排，所以很多成功人士都会利用好早晨的时光。如香港首富李嘉诚，无论他晚上几点睡觉，早晨05:59都会起床，读新闻、做运动，然后开始一天的工作。

自律也表现在对自我外在和内在的要求上。实力派演员陈道明曾上微博热搜，原因是65岁的他风度翩翩，走路的样子体态轻盈、精神矍铄，看上去就像个40岁出头的中年男子，没有丝毫老态。这与他常年坚持运动、从不松懈的自我要求有诸多关系。

除他的外表和身材让人羡慕外，他的智慧与修养、自律且节制的生活方式，才更令人钦佩。身处喧闹的娱乐圈，他却能守住初心，从不为了"恰饭"而接烂剧，如果剧本不能达到他心中的要求，给再多钱他也不会拍，就算是几年没戏拍，他也耐得住寂寞。而在遇到好剧本时，他则做足功课，拼尽全力。虽然他是个很清高的人，但他并不会因为自己名气大而看不起组里的年轻演员，反而愿意虚心学习新的东西。

即使没有他出镜的戏份，他也会在一旁看着别的演员演戏。他说时代不同了，他是抱着学习的心态来看新一代的演员是如何演戏的。他会为了那份把戏演好的初心，终身将自己放在学习者的位置上。

陈道明有句名言，"这个世界不是你的世界，不是说你成功了，你想做什么就能做什么。我觉得做人的最高意境是节制，而不是释放。所以我享受这种节制，这是人生最大的享受。释放是很容易的，物质的释放、精神的释放都很容易，但是难的是节制。"

自律的人为的不是眼前的世界，而是一个更美好的将来，所以他们能够克制自己的欲望，管住自己的内心，坚守自己的原则，所以他们也更容易获得成功。

二、懂得节制，坚持自律，才能赢得未来

不得不承认，这个世界充满诱惑，商家也在绞尽脑汁满足消费者的即时快感，以获得更多的订单。以前购物需要自己出门到商店去挑选，现如今动动手指就能在网上购物。以前我们下单之后要等待几天的时间才能收到货物，而如今快递业发展迅猛，我们变得越来越讨厌等待。

想买什么就立即下单，"当日达""次日达"都不能满足我们，甚至还要加钱要求卖家发闪送；想吃垃圾食品就点个外卖，挑最近的商家，一小时内食品就会被送货上门；不开心就喝杯酒，反正几杯下肚，"与尔同销万古愁"……

我也曾在意志消沉的时候依靠"买买买"来换取一时的快感，打开购物 App 总是有一二十个商品在路上。可后来我慢慢发现，收到一堆产品并不能让我开心，只有点击购买的那一刻是最快乐的。

时过境迁，所有一切能被即时满足的欲望，终究变得不值一提。以为是在自己宠爱自己，其实是在为未来的自己设置一个巨大的陷阱。

放纵自己的欲望，得到的只能是短时间的快乐，当短暂的快乐消逝后，留下的只有无尽的空虚和烦恼。点击"购买"的快乐是短暂的，账户余额

才是真实的；吃垃圾食品的快乐是短暂的，长到身体上的赘肉才是真实的；借酒浇愁的快乐是短暂的，酒醒时头昏脑涨的不适感才是真实的。

所以，一个知道自己最终想要的是什么，从而懂得节制自己的人，才会一步步走向更好的未来。而一个只重视眼前的欲望，放纵自我的人，活得会越来越不像样。

可"自律"这件事，坚持几天容易，长期坚持哪有那么简单。我们都喜欢模特一般的身材，练出马甲线的念头一旦出现，就充满了运动的动力。可惜模特的好身材需要不间断地锻炼去塑造，普通人运动几天之后，能见到的成效甚微，于是痛苦多过快乐，当对未来美好身材的想象不能为我们带来更多的多巴胺时，我们就很容易选择放弃。

有那么一段日子，我的生活状态陷入了低谷，一到晚上就饱受严重失眠的困扰。总是睁着眼到天明的我，白天很没精神。为了不影响工作，我每天上午都要喝一杯咖啡撑着。对咖啡因敏感的我，喝完之后会精神一整天，可后遗症是晚上更睡不着了，于是进入了恶性循环。

我也很想走出恶性循环，可是习惯一旦养成，就非常难改变，我就这样一天天地消沉了下去。

后来我是怎么走出来的呢？多亏了我的一位非常自律的好友。她在看到颓废的我之后，提出了几条非常实用的"戒律"让我遵守，其中第一条就是白天远离咖啡和茶。已经持续一阵子每天都要喝咖啡的我，刚开始很不适应，没有了咖啡因的支撑，一整天都过得浑浑噩噩，想睡睡不着，想清醒又清醒不得，仿佛比之前还要痛苦。

在我觉得这实在是件很难坚持的事，准备放弃的时候，好友的支持又给了我很大的动力。好友和我约定两个人互相监督，我们每个人拿出一份押金，谁一整天不喝咖啡、茶以及碳酸饮料，并且能做到健康饮食，就会得到另一方的鼓励。一个月后谁坚持得好，就可以赢得另一个人的押金。

最后的结果，当然是我们双双取得了胜利。

就这样，我一步步从每天无法安睡、状态颓废，变成了每天注意饮食健康、坚持读书写作、每日锻炼，整个人从内而外变得容光焕发。

三、养成自律的习惯，走向成功的人生

自律并不是压抑自我，而是一种自然的生活习惯。

有个朋友做的是一份压力很大的工作，经常会被工作压得透不过气来。所以下班后，他总是喜欢喝些小酒放松一下心情。他也知道经常喝酒并不是什么好习惯，尽管很喜欢喝上一杯，但他对自己有一个要求——从不允许自己喝多，无论是自己小酌、朋友聚会还是工作应酬，这些年他从未酒醉不醒。

朋友说，我了解自己的酒量，感觉到自己再喝就多了的时候，就坚决不喝了。喝酒这种事，让自己感到放松、愉悦就够了。他深知酒精可以暂时缓解压力，却不能解决问题，暂时的放纵不过是为了更好地去面对那些难题。

我们选择自律并不是在自虐，而是自爱的表现。

人生只有一次，放纵自我是溺爱，而一个真正懂得如何爱自己的人，必然是一个知道为自己的长远利益考虑的人。远离垃圾食品，让自己的身体越来越健康；保持运动的习惯，让自己的体态越来越轻盈；和朋友聚会喝酒，点到为止才能酒悦人生，既交流了感情，也放松了心情；培养读书写作的习惯，长久地提升自我。这样的节制并没有那么痛苦，因为知道自己要的生活是什么，也就心甘情愿地为了未来的美好生活而节制眼前的放纵，只有满怀对未来生活的期待，人生才有意义。

欲望不是被压抑的,而是在我们知道自己想要什么之后,才能做出的取舍。网络上有一句话我很喜欢,"一个丰盈的人是在恰当满足自己欲望的情况下的节制,而不是放纵之后对自己的惩罚和两极摇摆。"

为了美好的未来,请选择有节制的人生,毕竟你自律的程度,决定了你人生的高度。

作者简介

GiGi 咩,毕业于中国人民大学,是一名热爱写作的读物博主,目前微博拥有 4 万粉丝,创建的读书话题阅读量过百万,2019 年曾连续写作近 300 天,喜欢研究各种形式的自我提升。

你和大牛差的不是时间，而是时间管理

前段时间，清华大学官方微博发布了这样一条信息——这样学习，想不当"学霸"都难。凌晨 1 点睡觉，清晨 6 点起床，6 点 40 开始学习……这是清华"学霸们"的日常，更是他们对时间的高效掌控。可能有的人会想，为什么这些"牛人"有这么多时间，而我没有呢？

一位网友在那条微博下评论得好："时间是公平的，每个人都拥有 24 小时。但就是因为不同的分配，造就了不同的人。"

是的，你和大牛差的不是时间，而是时间管理。

一、时间管理之道

2012 年，我刚找到人生中第一份工作。那时候微信还不是很流行，微博也才刚起步没几年，淘宝倒是已经风生水起，但"买买买"的劲头还没开始。这些现在看起来是"洪水猛兽"的软件，当时未曾影响我的生活。

新手文秘的工作不是十分忙碌，于是我把空闲的时间拿来看电视剧和综艺。和朋友喝下午茶时，聊天的内容是"《中国好声音》中那英导师的这件外套要 5 万元耶""《爸爸去哪儿》中的 Kimi 好可爱啊""《我是歌手》中林志炫的高音太帅了"……我对这些"八卦"如数家珍，却没有任何的个人成长和自我管理。

一直到 2014 年以前，我都没有发觉这样的生活有什么不对劲。直到我看到了"潇洒姐"——王潇——在豆瓣上发布的《和潇洒姐塑身 100 天》漫画。

看完漫画以后，我被"潇洒姐"的励志和"鸡血"打动，马上找了她的《女人明白要趁早》《写在三十岁到来这一天》《三观易碎》仔细阅读。

"哇，原来女生可以活成这样。"这是我看完"潇洒姐"一系列书之

后的感想。

2014年,我跟着"潇洒姐"创办的"趁早"文创品牌,购买了人生中第一本"趁早日程本"。在日程本的1月1日那一页,郑重地写下了我的当日日程——制订新年计划、阅读《沉思录》、慢跑两公里。似乎是"在日程本上写下当日计划"这个动作非常有仪式感,我竟然高效地度过了那一天。

6年过去了,我顺着当时那股劲儿,一直把时间管理延续到了现在。每天我都会在笔记本上写下有关工作、生活、兴趣、学习、健康的计划。看着日程本上一个一个代办事项被我划掉,心里那股劲儿就会满满地存在着。

那么,如何做好我们日常的时间管理呢?这里有几个小诀窍分享。

1. 记录时间

1964年4月7日。

分类昆虫学(画两张无名袋蛾的图)——3小时15分钟。

鉴定袋蛾——20分钟。

附加工作:给斯拉瓦写信——2小时45分钟。

社会工作:植物保护小组开会——2小时25分钟。

休息:给伊戈尔写信——10分钟;阅读《乌里扬诺夫斯克真理报》——10分钟;阅读列夫·托尔斯泰的《塞瓦斯托波尔纪事》——1小时25分钟。

基本工作合计——6小时20分钟。

你没看错,这不是什么机器的工作时间,而是昆虫学家柳比歇夫在他人生的56年中,一以贯之地对个人时间的严格要求。看完这个时间表后,我的第一反应是，普通人有必要这么严格要求自己吗？会不会太累了？

其实不然，如果我们看着时间流逝，那么在"瞎忙"了一天过后躺在床上回想当天做了些什么时，脑海里可能只会出现"工作8小时""刷抖音2小时"这些字眼。

要制订计划或者完成计划，安排"我一天当中到底能完成多少事情"时，必须要依靠过去的经验。

"上周我跑到××部门去送报告，花了65分钟"，那么很有可能这次你去同一个部门送报告也需要一个小时；"上次看书1小时看了40页"，那么这次看同样难度的书也不会差太多……

比如1月1日，我的计划是，制订新年计划，阅读《沉思录》，慢跑2公里。根据实际执行时间，可以记录完成情况：制订新年计划（2小时）、阅读《沉思录》第33~60页（1小时）、慢跑2公里（0.5小时）。做完这一天的时间记录后，把多出来的时间制订一个第二天要执行的更详细的计划，便能更高效地利用时间！

2. 四象限

曾经有一道时间管理题摆在我面前：（1）手机来电，显示是部门经理；（2）你的孩子哭了；（3）水龙头没关；（4）门铃响了。你会先解决哪一个呢？

当时我的选择是，先委托家人处理（2）和（3），然后处理（4），提高嗓门告诉门口的人迟些开门，最后把主要精力拿来处理（1）。

这道题并没有所谓的"正确答案"，测试的只不过是我们同时遇到几件事时，优先处理哪一个。或者说，哪个对你来说是"重要且紧急"的事。

许多时间管理理论都认为，我们应该抽出最多精力去处理"重要而不紧急"的事，因为这往往和我们的健康、家庭等重要因素密切相关。

其实不然，第一象限的"重要且紧急"的事绝对是你日程表中重要程度排第一的，而且因为它们更紧急，所以处理顺序应该排在优先位置。上述时间管理题中的"手机来电，显示是部门经理"，可能部门经理来电要布置的是公司重大项目谈判或者内部重要工作会议，错过了"后果很严重"。

优先处理"重要且紧急"的事件，每天或每周抽出一段时间完成"重要但不紧急"事件，碎片时间可以用来完成"紧急但不重要"事件。至于"不重要且不紧急"事件，嘿，你的人生中为什么会出现这类事件呀？

3. 碎片时间

有一天我碰到了时间管理"伪大牛"小西。

小西风风火火地从地铁站出来，耳朵里塞着 AirPods，手里还拿着没来得及息屏的手机，亮着的屏幕显示，小西刚刚在搭乘地铁时正在听"得到"App。

"嘿，小西，好久不见！怎么搭地铁的时候还在听呀？真是太勤劳了吧！"我开口叫住了低着头匆匆走路的小西。

小西停住了脚步，拿下了塞在耳朵里的 AirPods，用夸张的语气眉飞色舞道："呀，是今今！好久不见！"

"这不是正在利用碎片时间嘛！我下午刚好搭地铁去给在星巴克开视频会议的老板送资料，路上可要一个小时呢。这一个小时要是浪费了，那可怎么得了！"小西一边说着，一边把手机打开，往左一页一页滑动屏幕，"今今你看，我手机里好多这种软件，得到、喜马拉雅、知乎……微信上我也关注了几个大牛的账号。他们好厉害啊，写的文章、说的内容都是我的'菜'耶。"

看着小西自信而笃定的样子，不免让我想到她平时的微信朋友圈：早上起床刷牙，听着"得到"的大师公开课，听完之后在朋友圈分享课程内容；上班通勤时间，背"扇贝"的英语单词，朋友圈又显示她今天早上背了109个单词；午休时，知乎和公众号《人在偏僻小镇，月入5位数，怎么做到的？》《92年女孩月薪5500，攒了1套房：存钱上瘾，有多可怕？》等文章，她都是最忠实的拥趸；下班后通勤时间，又是学日语的好时光，打开日剧，不看字幕只"精听"。

从朋友圈看来，她是个时间管理的"大牛"，特别是对碎片时间的管理，达到了"登峰造极"的地步。小西也觉得自己和别人不一样，"没有在碎片时间里刷抖音、微博和淘宝！"

"看了这么多，记住了什么呀，跟我分享一下吧，我也想知道！"我向小西提出了一个不太高的要求。

听完了我的问题，小西陷入了沉思。

"分享？我不知道说什么。看的内容和东西太多太杂了，有时候都记不住。"小西不好意思地说道。

话音刚落，她又点亮手机屏幕，打开"得到"App，把刚才听的课展示给我看，"你看，我刚才在听薛兆丰的课，听完以后，我感觉我对经济学更感兴趣了！"

"那你刚才听完的课讲了些什么呢？"我默默地咽下了这个未曾问出口的问题。我想，小西也说不出她刚刚听完课程的主要内容吧。

"不利用好碎片时间，你和他们的差距就会越来越大"，这是时间管理4.0时代，那些身处顶端的"大牛"们，为了解决那些对自己现状不满的"小白"们的问题，抛出的一个又一个的新焦虑。仿佛碎片时间是最宝贵的宝藏，是钻石、黄金，不抓住的话，个人成长的价值便会消失殆尽。

就像小西一样，从表面上看，她完美地利用了碎片时间，清晨刷牙、早上通勤、午休、下班，几个别人浪费"重灾区"的碎片时间段，她都很快地利用起来了。但是，利用起来以后呢？她真的"利用好"了吗？

碎片时间非常短暂，容易受到干扰，不适合用来完成大块的项目和任务。但是仅仅为了完成而完成，却不追求个人知识体系的完整性和系统性，这样的碎片时间利用得真的有效吗？

像小西那样，听公开课、背单词、看知乎文章、精听日剧，系统化以后可以有不同的效果。就拿看知乎文章一项来说，一篇文章的字数在2000~10000字不等，有的文章注水多，关键的信息就一两句话；另外，少部分文章几乎整篇都是干货。针对这些文章，小西可以把自己的知识体系分成几大块，如时间管理、个人成长、经济知识。再不济，可以按照图书网站的书籍分类来区分自己的知识体系。

今天看到了时间管理的好文章，把其中的几句话摘录到自己的"时间管理"知识体系中；明天看到了经济、理财方面的知识，就将它们纳入相应的体系。每个体系梳理好了以后，再定期翻看浏览，小西就不会像以前那样，对自己看过什么"一无所知"啦！

二、如何制订计划？

要安排好自己的时间，实行高效的时间管理，首先要做的不是找一个时间管理软件，也不是开始列计划，而是剖析自我。

有人说，世界上没有"时间管理"这个概念，我们需要管理的不是时间，而是自己的人生。个人认为这句话值得商榷。只要时针还在走动，时间还在流逝，时间管理就有其存在的必要性。但要做好时间管理，首先需要做好人生管理。

要做好人生管理，就要问问自己，你人生的梦想是什么。

1. 梦想

"你的梦想是什么？"

是的，这不是《中国好声音》栏目上汪峰导师对学员提出的问题，而是来自你灵魂深处的疑问。如果问10岁的我们："你的梦想是什么？"那么我们的回答一定是科学家、宇航员、改变世界这些听起来幼稚可笑的答案。如果我们去问一群进入职场多年的人，那么我们将听到他们对前面那群10岁小朋友梦想的嘲笑，以及他们自己有关于升职加薪、中500万彩票的"现实"梦想。

成年人说，这既叫"现实"，也叫"成熟"。但是做科学家、宇航员的梦想就无法实现吗？

年少的时候，我们都有很多"不切实际"的梦想。当我们长大了，毕业以后，踏上工作岗位，在社会的"大染缸"里浸染久了，经常会想着存一点钱，工作先升两级，先给自己买套房。等这些都有了，再去实现自己的梦想。

如果你真的是活在现实中的人，并且羡慕那些高薪、高职位的成功人士，那么他们获取成功的方式你也应该了解。成功人士有很大一部分是理想主义者，他们给自己定很高的理想和目标。即使他们只达到目标的一半，也比我们普通人要成功。如果你的目标是普通的升职加薪，那么你可能连这些简单的目标都实现不了。

在我的个人管理体系中，有一份文档叫作"一生想做的事情"，里面包含"我想跳一次伞""我想出一本书"等10年前看起来遥不可及的事情。但是，4年前，我完成了跳伞；现在，我完成了出书。谁知道里面的另外几十个梦想，我不会逐一实现呢？

2. 年度计划、月计划

列好了梦想清单,把它们放在那儿,梦想就能实现吗?

有一本书叫《秘密》,作者秉承的观点是,"人都会受同一种力量支配,这就是吸引力。"他认为,"你生活中发生的所有事情,都是你自己吸引过来的,是你头脑中所想象的图像吸引过来的,那些事情都是你的思想导致的"。所以我们应该抛弃一切负面思维,尽可能多想期待的事物,"吸引力法则"就会把这一切都带到你面前。

不,我不相信"吸引力法则"。如果你和我一样是一个唯物主义者,就应该相信通往梦想的道路上,流下的是努力的汗水之类的实在"鸡汤",而不是靠"吸引力法则"就能实现梦想的无稽之谈。

通往梦想的路上,带领我们一步一步往前走的一定是计划。从"梦想"到"计划",要怎么实现呢?

这里举个例子。我的梦想是"拥有像超模刘雯一样的身材",那么我至少得有马甲线,没有圆肩驼背,身高165厘米的话,体重大概是48公斤。假设我现在腹部有赘肉,腰围75厘米,驼背严重,体重55公斤,那么我应该根据"梦想"把年度计划设置为"腰围72厘米,驼背初步矫正,体重52公斤",而不是"腰围65厘米,像舞蹈演员般的体态,体重45公斤"。

根据梦想设置了合适的年度计划以后,我们再根据年度计划设置相应的季度计划或者月计划——腰围一个月瘦0.3~0.5厘米,体重一个月减0.3~0.5公斤,这样的速度最适合按月来完成。

怎么样,有了梦想清单,设置了合适的年度计划和月计划之后,是不是心里的目标又更明晰了一些呢?

当然,同时也要根据月计划再次缩小范围,设置自己的日计划,执行起来就更加容易了。

最后给大家分享一下我平常的日计划安排：

◎ 阅读半小时的《终身成长》；

◎ 运动半小时；

◎ 练习半小时的英语花体字；

◎ 完成工作上的所有任务；

◎ 整理时间管理体系；

◎ 设计衣柜收纳图；

◎ ……

将看起来复杂的事情以一种"标准流程"的方式做好，把完成一件事情的所有步骤和细节都提前与自己约定好，让自己的行为更加"一步一个脚印"，就能从根本上杜绝"今天还是先刷会儿手机吧"等心态。

三、时间"小恶魔"

1. 拖延症

请大家回忆一下自己上学的时候拿到课后作业，回家第一件事是先跟小伙伴玩耍、看电视，还是先打开作业马上开始写？相信大多数小伙伴的答案是"玩耍、看电视"。而这些人长大了以后，面对同样的工作任务和流程项目，也会选择"先找找资料吧"——找着找着就开始看八卦；"先去倒杯茶吧"——倒着倒着，就溜到同事工位开始谈天说地……

我们都知道拖延症不好，也不希望自己有拖延症，但拖延就宛如在我们心中扎得很深的那根刺，伤口虽小，但拔不出来。

我曾自诩是一个非常自律的人，但是免不了在一些目标任务上拖延不止。比如，我曾经从 2014 年就制订了"说一口流利英语"的年度计划；但直到 6 年后的今天，这个计划还未曾启动。是的，不是"没有完成"，是"未曾启动"。

今年我又制订了"练习一手漂亮的英语花体字"的年度计划，前一两个月这个计划一直停滞不前，连"每个月练习 4 次花体字，每次至少 30 分钟"这种有指标的明确任务都没法拯救我的拖延症。

在我考虑是否要练字的时候，我的脑子是这么想的：要练字啊？需要去书房正襟危坐，打开本子。如果我练不好怎么办？练字需要心很静吧……我还有微博没有刷，还有小说没看呢！算了，还是不要练了。

我的大脑对"练字"这件事进行了本能的、程序性的排斥，进而不断放大困难程度，我只能举白旗投降。

于是，我就把练习花体字的字帖和笔都带到了公司，运用"马上行动"的方法，将每天午休的前半个小时作为固定的练字时间。我把自己的日常流程从"午饭—拿起手机—刷微博、淘宝"变成了"午饭—拿出字帖—练字"。这半个小时好像是"偷来"的一般，让我改变了拖延症，让我养成了又一个令人欣喜的好习惯，也让我朝梦想更近了一步。

2. 无法专注

这一刻我打开手机的"健康使用"模块，上面显示我今天使用屏幕的时间超过了 7.5 小时。其中，在淘宝和微信上分别花费了 3.5 小时，在微博上花费了 0.5 小时。

你的生活是不是和我一样：微信收到一条消息，打开回复之后顺便看了下朋友圈，20 分钟过去了；朋友圈刷到一篇公众号好文章，从文章里的链接一层一层不断点击，半个小时过去了。打开淘宝，本来想买纸巾，却看到洗衣液促销，最后买了纸巾、洗衣液甚至是身体乳、面膜，美其名曰"凑单满减"。

我根本不能专注地只回朋友的微信，只看刚点击的第一篇文章，只买购物清单上最需要的纸巾。你的生活是否和我一样，处在高速发展的信息时代，被这些零散的信息流攫取了所有的注意力？

有一本书叫《注意力经济》，它说的是媒体、广告、商人、企业如何吸引大众有限的注意力的。李笑来也曾经说过，注意力＞时间＞金钱。注意力无法集中的人，总是"喜新厌旧"、效率低下，没法完完整整地做好一件事。

我仔细分析了自己无法专注的"症状"，有时是因为被外部的诱惑吸引，有时是因为内在动力不足。对于外部的诱惑，我使用了"任务清单法"和"番茄时钟法"来克服。我把自己一天要做的所有事情，包括"上淘宝购买纸巾""给小文回电话"这样的小事和"处理××项目"这样的工作大事，都分类写在清单里。然后用番茄时钟处理工作大事，在此期间尽量不让任何人打扰。若有打断事项，就将其写在清单上随后再做。对于内在动力不足，当然是不断地重复回看我的梦想清单，确认当下做的事情的重要性，以此提升内在的专注力。

3. 完美主义

微博上有很多"人文艺术"类博主，拍的照片精美绝伦，短短几百字的文章排版清爽、引人入胜。我同事小文就是这类博主的拥趸。小文非常羡慕这些博主的人文艺术情怀和高度的审美水平，她也想做一个这样的"大V"。

第一天，小文申请了一个全新的微博账号。第二天，她花很大力气找了个文艺的头像，取了一个自己也不理解含义的文艺昵称。第三天，她出门去拍了照片，花 1 个小时精修了图片，又花 1 个小时写了文案发微博。第四天，她又花了 2 个小时才完成一条微博。第五天，她觉得太累，没发任何微博。第六天，她还是觉得拍照片太费时。第七天，她的"大 V"之路就此放弃。

在"做一个大 V"的计划中，小文犯了致命错误——完美主义。写微博刚刚起步，就要求自己拍美美的照片，写一篇完美的文案，费时 2 个小时才发一条。如果她有超乎常人的意志力那就罢了，作为一个普通人，为何用完美主义来要求自己呢？

不知道大家有没有在小文身上找到自己的影子？开始健身，第一天就要求自己平均速度达到 10 公里每小时；开始写作，立即就希望自己能写出阅读量 10 万 + 的公众号文章；开始练字，马上向网络中的练字达人看齐。

结果就是我们会因为别人的优秀，而对自己的现状感到不满、懊恼，对自己失望，进而无法将计划进行下去，甚至没办法启动自己的计划。对未来的完美期待，吓到了我们自己，我们会觉得自己的设想当中没有一个方案是完美的。

"治疗"完美主义的"良方"是不害怕犯错。大家猜小文后来有没有成为"大 V"呢？她得到一个微博运营"高手"的指点，高手告诉她，微博上没有那么多人关注她这个"小透明"，刚开始不要被自己脑子中假设的完美吓到，她关注的"大 V"已经是行业领域运营的高手。作为一个新手，要不断地在试错成本低的阶段"犯错"，发一些口水博文、日常碎碎念，从这些微博中才能发掘更多的热度博文。故事的最后，小文放弃了完美主义，通过自己的不断观察和努力，成了一个拥有过万"粉丝"的"小 V"。

作者简介

程今今，微博博主@blingbling程今今。心理学、管理学双学士，公共管理学硕士毕业，拥有6年时间管理和个人成长领域实践经验。2014年开始用日程本管理日常生活，2016年建立个人手账系统，自创个人管理梦想、健康、工作、学习、家庭、日程全纬度体系，2017年至2019年个人年度目标完成率超90%，个人微博时间管理系列博文总阅读量超20万人次。

出身不好不是你一事无成的理由，懒惰才是

这个世界永远没有绝对的公平。当你跟别人站在同一个起点时，别人开着跑车起跑，你却是用拖车艰难起步。你披星戴月苦苦奋斗的终点，也许别人轻松几步就可以到达。

不论事实是什么，我们除了不断地努力，别无选择。

一、出身好并不是必须有家财万贯

同学 A 君，上学时期成绩一直是"吊车尾"。看到别的同学活跃于各种社团，他便抱怨自己家庭条件不好，买不起人家身上那些行头；看到别的同学在学校某些竞赛上获奖，他便怀疑人家家里有关系，评比流程有猫腻。

工作后，我们偶尔聚会，他也是抱怨最多的，抱怨跟他一起入职的人早就凭关系晋升了，而他还在底层毫无起色。我问他怎么知道那些晋升的人都有关系的，他的回答永远是，就凭他们的能力，没有关系怎么可能晋升上去？

在他眼里，别人的成绩都跟出身好有关，别人修炼来的能力也是出身好这个基础带来的。而他自己的所有技不如人，都是因为自己出身不好。

在他眼里，出身就是家庭留给下一代的资金和资源。他从来没想过，他跟别人拥有的时间资源是一样的，环境资源是一样的，读书时接受的教育资源也是一样的，甚至智力资源也基本相同。真正影响他的并不是他所谓的家族财产和关系，而是认知和行动。

纵观我国古代历史，哪个朝代的开国皇帝不是通过拼命奋斗开创了一个新局面的？哪个朝代的末代帝王不是出身皇权世家，却因不思进取而把祖辈用生命打下的江山断送的？由此可见，出身并没有决定他们的命运，

出身不好只是弱者为自己的无能找的借口而已。

二、鲨鱼出身更悲惨，但不影响它进化成"巨无霸"

鱼儿在水里自由沉浮，身体轻盈灵动，这是因为它们体内有一个叫鳔的器官。鱼儿通过鳔的充气和放气，控制身体的上浮和下沉，所以它们拥有令人羡慕的"鱼生"。

可是，并不是所有的鱼类都有鳔，鲨鱼就是其中出身不好的那一位，它们天生就没有鳔，但鲨鱼就因此在鱼类家族里处于弱势地位了吗？并没有。相反，它们通过持续不断的行动，最终进化成了海里的"巨无霸"。

没有鳔的鲨鱼不能像大部分鱼类一样，通过轻松简单的自我充气来控制身体漂浮。但是，如果它们总是处于静止状态，身体就会不断地在水中下沉，当下沉到一定深度时，水的压力就会挤爆它们的所有内脏器官，使它们的生命终结。鲨鱼为了活命，只能日夜不停地游动，以保证自己的身体不会下沉。经过亿万年的游动和进化，它们最终进化成了海里的"巨无霸"。

出身不好的鲨鱼不但没有因为出身而被大自然淘汰，反而成了"行动改变命运"的榜样。

三、寒门难出贵子，但还能出贵子

我们认识刘媛媛应该是从《超级演说家》的舞台上开始的，她寒门出贵子的经历让我们每个人都听得热血澎湃。

出身寒门的刘媛媛从高中时期的倒数二十名，通过有效的努力成为班级第一。高考虽然失利，但她仍然考入了对外经贸大学。

毕业后，不甘心的她再次凭借刻苦努力考入了北京大学，成为一名法律研究生，终于圆了自己的北大梦。在读研期间，她依然不甘平庸，在毫无演讲基础的情况下，勇敢地报名参加《超级演说家》，经过三天的准备，勇敢地登上了《超级演说家》的舞台，并成功逆袭。

刘媛媛的逆袭凭的是什么？就是行动。

行动起来找方法，走捷径超越他人；行动起来刷题读书，用知识量超越他人；行动起来抓住机会，用勇敢超越他人。

不论处于怎样的低谷，她始终没有向命运屈服。正如她自己所说：你要相信，命运给你一个比别人低的起点，是希望你用一生去奋斗出一个绝地反击的故事！

她的家里没有钱，考研时住在窗户漏风、房顶结蜘蛛网的筒子楼里；她的家里没有背景，这妨碍不了她报名参加《超级演说家》的勇敢；她的家里没有资源，同样阻碍不了她单枪匹马靠才华征服评委和观众的能力。

这个出身寒门的女孩，用行动奋斗出了一个绝地反击的传奇。

四、四步策略，我们一起咸鱼翻身

1. 定目标：锁定深耕领域，找到行业标杆

目标之于我们的人生，就如灯塔之于黑夜中在海上航行的船只。没有灯塔，船只就找不到方向；没有目标，我们不论往哪儿走都感觉迷茫无助。

日本教育界曾做过这样一个实验：

把几个身高、体能、体重基本相同的同学平均分为两组，每一组都各自面对一面墙壁跳高。不同的是，其中一组的墙壁上没有任何标志；另一组的墙壁上从一开始就以他们的平均实力画出了一条基准线，而且每个同学在跳完后，都由教练在墙壁上另外画出一条高度线。

实验结果是，墙壁上没有基准线的一组同学，跳出的高度高低不一，而且大部分同学都没有达到他们真实实力的高度；而另一组同学，每跳完一位，教练都会在该同学跳出的高度上画一条线，下一个同学通常都能跳出比前一个同学更高的高度，到最后，所有同学都跳出了超出他们实力的高度。

两组同学跳出的高度为什么有这么大的差别呢？是他们的真实实力有差异吗？当然不是，根本原因是，一组有目标参考线，而另一组没有。

目标参考线不但可以让他们知道自己和别人的能力，还能激发他们的潜力。所以，制定一个清晰的目标，是我们实现逆袭前首先要做的事。

现在问自己几个问题：

我的兴趣是什么？我的特长是什么？我想在哪个领域成为意见领袖？这个领域最优秀的五个人是谁？他们都是怎样一步一步走向成功的？

每一个问题的答案，都要像演绎电影一样在大脑里过一遍。最后，幻想一下自己成功后的场景：光环绕身的自己被众人膜拜。这不是幼稚，这是自我激励。

2. 订计划：探索方法，规划路径

古人的智慧经验告诉我们，凡事预则立，不预则废。讲的就是计划的重要性。

面对一条曲曲弯弯不知长短的路，你是不是不知道该如何走完它？

如果告诉你这条路有多长，走完需要用多长时间，你就可以根据自己的体力来规划前进步骤，并一步一步走完它。

由此可见，当我们觉得一条路走起来很难时，往往是因为我们没有合理的规划。进行合理的规划，也是马拉松运动员能快速跑完全程的秘诀。我们都知道，马拉松长跑是一项非常消耗体力的运动。它考验的不仅仅是运动员的体力，还考验运动员的意志力。

有人问一名马拉松长跑冠军："你是怎么跑完这么长的路并取得冠

军的？"

运动员说，每次在正式参赛前，我都会提前到赛事现场跑一遍全程，在跑的过程中，我会记下路边有哪些建筑物或者明显的标志物，然后根据全程的长度，以标志物为节点来划分段落。每当我跑到一个节点时，我就告诉自己，我离目的地又近了一步。

马拉松运动员使用的这种节点规划法值得我们效仿。每完成一段"任务"，我们不但可以清晰地知道自己距离目标又近了一步，而且那种完成任务的成就感也会转化为我们完成下一段任务的动力。

现在，拿出纸笔，画出自己的起点和目标，给自己的这段征程做个规划吧。

3. 定方案：找出障碍，逐个攻破

古人常说，磨刀不误砍柴工。还说，工欲善其事，必先利其器。就是告诉我们，在行动之前，要花时间把影响行动的障碍解决掉。

现实中的很多人，面对一个任务，毫不犹豫地一头扎进去做事，看似积极主动、踏实肯干，结果做着做着，不是这里遇阻就是那里遇阻，于是他们放下手里的任务，手忙脚乱地处理障碍。最终，处理障碍的质量不高不说，还把原本的任务进度给忘记了。

就像一个潜水高手面对一条没有桥的河，他首先应该做的是，下水查探一下水的深度和水面下的石头，而不是依仗自己潜水技术好，直接站在岸上一头扎进水里。万一水面下有石头呢？岂不是会撞得头破血流？

现在，你该问自己以下这些问题：

我当前的处境是什么情况？要达成目标，我还欠缺什么能力？我应该怎样补足这些能力？要达成自己的目标，我还缺少什么资源和人脉？这些

资源和人脉我能通过什么途径搞定?

通过自问,把自己将来可能会面临的障碍找出来。要知道,一条船在大海上航行,除方向和动力能源之外,及时发现并避过水面下的暗礁也同样重要。

4.定节奏:刻意练习,持续行动

世上本没有天才,所有的大成就都是长期刻意练习的结果。即使天才如莫扎特,其优秀的音高能力也是源于4岁就开始的音乐启蒙,以及他是在浓厚的音乐氛围中长大的。

著名心理学家埃利克森在其所著的《刻意练习》一书中,总结了诸多世界上集大成人物的成就来源。结果证实,他们取得的成就无不是长期专注、刻意练习的结果。

怎样刻意练习?一要用对方法,二要保持专注,三要及时反馈,四要保持学习状态,五要持续行动。

用对方法才能事半功倍,保持专注才能精耕细作,及时反馈才能不偏离方向,保持学习状态才能不断更新自己的知识,持续行动才能收获过往努力奋斗的复利。请相信,成功的路上并不拥堵,因为坚持的人不多。只要你坚持下去,你就已经超越了90%平庸的人。

五、不行动,怎到达?不积跬步,无以至千里

世界上最遥远的距离不是天涯和海角,而是头和脚的距离。不论你的想法多么美好,如果不付诸行动,一切都是梦幻泡影。

定目标,订计划,定方案,定节奏,按照这四个步骤坚持奋斗,你定能改善自己当下的生活质量。

作者简介

曹小心，原香港铁旗智库国际仲裁实验室联合创始人，职识分子俱乐部创办人，自我进化深度践行者，已出版电子书《自我进化：遇见更好的自己》。崇尚持续行动自我进化，文章获得过今日头条青云奖。

从全职妈妈到创业，我"整理"出了自己的路

啪，灯亮了，手机上显示此刻是凌晨 2:22，我已经感受到儿子在动，我知道他肯定是尿尿了。我快速地去接水、冲奶，感受了下奶的温度，将它放在桌角。接着给儿子换尿布，拍了拍他的屁股说："儿子是不是又拉了，妈妈来了。"此刻哭声响起……

这就是我这位全职妈妈的生活，重复了 1095 天。

一、突发状况，及时应对

2011 年因为老公的工作调动，我从安稳生活了 26 年的边疆小镇，来到了繁华的北京。那一年我遵循父母的安排与老公订婚，和爱人远走他乡，我以为的美好生活即将开始，殊不知更大的生活压力将从此开始。

来到北京以后，我们租住在顺义区一个 2 室 1 厅的房子里，因为地铁 15 号线还未全线贯通，房子的租金还不是那么高，我们把另外一间屋子以每月 800 元的价格租了出去，补贴我们的房租差价。

每天我们回到自己的小家后，做饭、看电影，好不惬意。就这样到了第二年房东要涨房租，我们才突然发现有点难了，开始合计怎么省钱。省钱的招数是离老公的单位近一点，老公方便回家，我上班顺路。至此，就这么一直在老公单位附近住下去。

接下来的生活像大多数人家一样，结婚、怀孕、生孩子，按部就班地生活着。每天我养育孩子，老公上班挣钱，梦想真能在北京有自己的一小片天地，憧憬着未来。

2017 年老公在网上经营"投资项目"，开始每天有不小的分红，老公逐渐在更大利益的驱使下投入更多，但好景不长，2017 年年底，这个所谓

的"投资项目"在网络端炸锅了，"投资项目"负责人自首，总部关闭，我们这个小家的钱被困住，我们居然欠债了将近100万元，这几年一点一点积攒的存款全部打水漂了，这么多钱，我上哪儿去挣去还呢？

我深深地记得，当我知道这件事时，正好儿子那几天发烧，我抱着儿子排号等着看医生，但是那一刻我的眼泪止不住地往下流……

当事情平静下来后，我和老公把所有需要还的款做了一下梳理。值得庆幸的是，都只需要还银行的贷款即可，没有和双方老人拿钱，我们松了一口气。

看到Excel表里每个月需要还的钱数时，我有点害怕，也强装镇定地告诉自己，还好还好，接下来我们就开始了还款之路。

事情发生的最初几个月，我第一时间联系了这几年合作过的所有材料商，告诉他们，我要出来工作了！有业务给我推着点，还给以前的老顾客都发了短信，如果有新房和老房装修，想着我。

因为刚好是过年期间，没有新业务做，我就各种找小时工做，找画图、制作PPT等工作。虽然有点小进账，但还是觉得来钱慢，就想着能不能有副业，能长期兼职做的工作。

全职在家的时候想过很多种创业项目，如美甲、卖凉皮，甚至家乡的炒米粉也在脑海中徘徊过。这些项目我逐一把它们写在纸上，我想从中提取出蛛丝马迹，看哪些可投资，哪些可创业。但是就当时的情况来看，这些都不合适，每项都是高投入。

回想当妈妈这两年做的最多的就是照顾孩子和收拾家里，我觉得这两个职业都很好。首先照顾孩子是月嫂，有时候顾客会要求住家，我自己有孩子，要接送孩子去幼儿园，不方便住家，于是就放弃了。关于收拾家，我去58同城找过保洁工作。因为住在六环外，在派单范围上只能在六环外，越外面费用越低，订单也少，而且每天派过来的单必须得完成，也不太适合我。

在整理思路的那些天里，我突然看到了"断舍离"这三个字，这些年在做全职妈妈的时候，也有学习叠衣服和扔东西，清晰地记得每次扔一大包衣服后，那种酣畅淋漓的快感。而且，整理和规划是相关的，和装修设计也相通，思来想去，我决定去学整理，学名叫"收纳整理"。

二、发现长处，坚持去做

揣着儿子所有的压岁钱，我开启了自己的收纳整理的学习之旅，这次深刻的学习之旅又翻开了我新的人生篇章。学习了整理的基础理念之后，我首先做的不是到家里整理我的衣橱，而是先整理我自己的人生。

在32岁来临之时，这场家庭的变故让我停下来开始思考。我为什么这么着急去还钱？我为什么这么着急去挣钱？欠的债足以让我很长一段时间不能翻身，但我希望的是，有所规划地还债，而不是挣小钱还债，还债也要有意义地去还。

1. 梳理自己的人生

我用7年大换血法，将自己的年龄以每7年做一个小结，1~7年是第1个7年，8~14年是第2个7年，以此类推，当下我已经处在人生的第5个7年。第5个7年是飞速成长的7年，从小镇到城市的大转折，让我感受到了不一样的人生。

2. 找到自己的擅长点

我有个特别好的习惯，就是喜欢做总结，总是将一天做的事情梳理一遍后，想着发现点什么共性。比如，我第一次完成设计作品，我会把和顾客沟通的事项，还有所有做的事情做一下回顾，有时候发表在 Blog 上，有时候记在笔记里。

我第一次去做什么都会详细地做记录，以至我养成了爱书写的习惯，有任何事项，先记下来，然后再梳理、解决。

这个擅长点后来帮助我做了什么呢？比如，我第一次上门整理的时候叠了 50 条丁字裤、30 条围巾。回到家后，我觉得丁字裤还可以用另外一种方法折叠，围巾还可以用另外一种方式收纳。就这样，从第 1 家至第 20 家、第 50 家，每做一家我都会去看顾客家里有什么物品，并且记住它们的特性。

另外，我会观察他们的生活方式。生活习惯、家里的装修规划，看看在动线上有没有不方便，使用上有没有不合理，能否在下一次装修时避坑。

我会把我常做的事加以分析，最后提出观点。我发现在装修前的审图这一事项上大有文章可做，那些不好的、不合理的为什么在装修前不把它们规避掉呢？所以，自从我做了整理师后，我不仅会整理衣橱、整理全屋，还衍生出了装修前的收纳空间规划，为我的整理从业之路添砖加瓦。

3. 坚持做一个组织者和被组织者

为什么要说坚持做一个组织者和被组织者呢？我曾经是位全职妈妈，我能体会到自己没有钱、没有力量改变自己时的那种无助，那种不知道做什么才能改变现状的焦虑。

创业到今天，我才有很深的体会，我们要做的不仅是投入些钱，买些设备，还要找到这个项目里的人，当天时、地利、人和都具备时，再确定要做点什么，如成为创业中的人。

记得第一次要为一位着急搬家的顾客买搬家纸箱时，我全长沙找货源。每次打电话过去询问有现货吗，那边都说没有，我想我不能放弃，就继续找人问,直到有位在长沙开厂的老板说他那里有,但不送货,需要自己去拿。我毫不犹豫就说,我去拿。目的地特别偏远,只有废旧的工厂和斑驳的墙面。当出租车到达时,连师傅都问我来这做什么、安不安全,不安全的话再拉我回去。我说就这儿,放心吧,没事儿。

后来我才知道,斑驳的墙后有一大片整洁的厂房,人家还是数一数二的某宝供应商。

可是一个人不顾生死地拼,能拼多久?单打独斗注定无法走太远,所以人需要组织,需要被组织,也需要学会组织。要永远记得,在任何时候都要保持头脑清醒,认清楚自己的能力。

能力不足时,请加入组织。比如,我在学习时遇到了四位志同道合的好伙伴。我们一同走整理这份事业,一起经历初创公司,一起地推,一起磨课,一起打造新的体系和思路。这些都是需要被组织的,直到有一天可以组织属于自己的团队。

当你认真地把喜欢的事做好时,事业的机会就会到来。

作者简介

岳艳霞,微博博主@爱整理的岳掌柜。毕业于中国地质大学土木工程系,现为长沙美莉家商务服务有限公司CEO,擅长衣橱整理、全屋整理、全屋空间规划设计等。

第四章
情绪管理
和自己好好相处

当没有自信、没有勇气、性格内向、被区别对待、痛苦、焦虑不安、委屈成了你的日常状态时,别怕,看完本章,做出你的改变。克服胆怯心理,消除偏见,理解痛苦,把内向变为优势,自我疗愈,撕掉标签,和父母和解,让自己拥有健康的心态吧。

迎难而上，磕出高配人生

第一次坐在客户的会议室谈判时我 23 岁，一脸学生气，甚至还有娃娃音，而对方是在行业里待了几十年的大佬。会议结束后，我们和客户以及客户的朋友一起吃饭，客户跟他的朋友说："你看看我现在混得多差，居然跟一个小孩子在玩，连说话都细声细气的，我怎么谈？稍微大点声都觉得是在欺负人家。"

听完后我羞愧得想钻进地缝里。当天晚上我一直在想，我为什么这么差劲，别人都能做好的事情，只有我做得这么糟糕吗？

后来很长一段时间，我都在自我怀疑中度过，再跟这个客户交流时更加小心翼翼又胆战心惊，我们的合作也没有新的进展。甚至在跟别的客户谈判时，我也没有了以往的自信，我的业绩几乎垫底。

因为业绩太差被领导约谈后，我开始思考自己的问题。

一、克服胆怯心理，获取业绩提升

心里没底气是最大的阻碍，我把没有底气的原因在一张纸上一一写下来，我发现"说话细声细气"这点被我列在了 TOP 3 里。在专业的谈判中，说话声音小，没有力度，当然会给人一种不够专业和不够可靠的印象。其实当时那个客户说得很有道理，我在心里是认同他的，所以我感到了自卑。

于是我开始特别注意说话的方式，尽量大点声，甚至在网上买了关于如何用腹部发声的课程。

一段时间后，自我感觉有些进步。虽然周围的人可能没有发现我的改变，但我心里觉得把自己的缺点克服了，也渐渐走过了这个心理障碍，不再像从前那样自卑了。

解决了这个问题,我发觉自己其实在其他方面做得很不错。比如,我比别人更擅长分析客户的情况,找出对方痛点。那段时间,我每天下班都在家里研究市场信息,深挖每个客户的资料,不停地和客户沟通,通过多方的信息判断客户真实的需求,并且越来越得心应手。

一年后我再去拜访开篇处提到的那个客户时,我已经对他的公司、客户和产品线,甚至经营方向都了解得很透彻。他在会议休息时突然跟我说:"要是我儿子有你这个业务能力,我就不愁以后没人接班了。"

那一刻,我觉得所有的努力都值得。后来我的业绩考核都不错,在部门里时常领先。

在我工作到第三年的时候,我去拜访一个新客户。当时和我谈的是一位项目负责人,第一次会面并没有深入地沟通。可在最后结束时,他和我说了一句话:"上次×××(行业 TOP 1)来的人,对于你刚刚提的问题都了如指掌,甚至比我还清楚,我觉得你们之间有差距。"我笑了笑,尴尬地说了声"谢谢"。

其实我知道自己的业务能力没有 TOP 1 公司的人厉害,可我似乎从来没有考虑过这个问题,从来没有正面承认和接受这个问题,更没有想过如何处理。

第一次被这样直接地指出时,我甚至不知道该如何反应,所以我第一次开始正视和思考这个问题。

二、克服懒惰心理,赢得客户信任

当时我在公司里的业绩还不错,我开始懒惰,觉得自己不需要再提升了,能够保持现状就很不错。可是别人的轻视一直像针一样刺在我心里,我明明有缺点,却不敢面对。

难受了一阵子后,我决定要试一试。我通过各种渠道收集信息,并且找多个领导请教市场和业务方面的东西。有些领导并不是十分乐意分享他的个人经验，但也有领导在我真诚地向他们请教时，提供了许多有价值的经验，比我自己一个人琢磨好几年都有用。

以前我对自己收集的信息都很有自信，别人说什么我就信什么。而领导告诉我，把同一个问题抛给 10 个不同的客户，如果有 5 个以上给了同一个答案，才能说明这个答案是可靠的。

另外，当你需要一个信息的时候，试着把手上的信息拿出去交换，主动并如实提供给客户，再向他询问你想要的信息，这个时候客户才会更愿意提供更多更有价值的信息给你。

我试着这样去做，果然，不同客户的反应简直五花八门，而当我主动提供有价值的信息给对方后，也更容易得到对方的反馈。没想到，这些问题竟然越研究越有意思，我比以前更勤奋、更认真去思考和判断了。

半年多后，我去拜访正在跟 TOP 1 公司合作的客户，坐在我对面的是四位 50 多岁的公司高管，而我只有一个人。他们多个角度的提问和刁难，基本在我掌握的"考试范围"内，我觉得这次答卷我交得还不错。

果然，半个月后我收到了他们一个很小的项目意向书。虽然项目小，但我觉得我赢了，我赢过了从前的自己。

人生要不停地复盘和进步，在我们发现自己缺点的时候，不要害怕面对，这就是最好的往前迈进的支点。今天的缺点，就是翻盘的起点。

作者简介

张半仙儿，5 年海外业务工作经验，连续 3 年业绩第一。读书和个人成长类自媒体达人，半年时间作品阅读量破百万。

正视偏见，赢得尊重与掌声

最近我参加了一个在线的课程，授课模式是社群里的群主作为班长，安排每天的学习任务，大家自行在线学习课程内容并做课后练习。另外还有一些小活动，比如，在群里用接龙的方式收集问题，每周三会有助教来解答。

群里的同学来自全国各地，海外时差党也有，大部分是白领或者精英人士，也有少部分是即将毕业的名校学生。总之，这是一个受过良好教育、高素质的群体。积极活跃的同学每天都会主动分享课后感受和用思维导图做的笔记。而我在群里属于默默无闻的一分子，不怎么爱说话，基本就是个"小透明"。

一、发现偏见，及时说出

在学沟通表达的那段时间，有一天我在群里的问题接龙里看到一条消息："跟女性亲属，如老婆或者母亲等，进行沟通商量或者说服性、教育性谈话时，如何在利用结构化思维的同时避免对方产生抵触情绪，避免出现类似跟女性讲道理就是'没有求生欲'的情况？"

我看到这段话的第一反应是非常不舒服。在我看来，跟女性讲道理就是"没有求生欲"这种看似带有玩笑性质的字眼里，隐隐透露出某种"跟女性没有道理可讲"的偏见，让我觉得自己被冒犯了。

我从小就听过类似的"女孩子如何如何"之类的话，也曾经不同程度地被这些话影响过，导致有时候不够自信，做事畏手畏脚，生怕自己不适合做或做不好。后来我特意花了时间来自我调整，才好了一些。

我相信，我不是唯一一个受过偏见的女性。所以，我也希望别的女性可以少受这类偏见的影响。我更希望，这类带有偏见性的话可以少一些。

我当时就有一种很强烈的冲动,想要把自己的想法表达出来。

可是,在准备发言的那一瞬间,我又犹豫了。

开课一个多月以来,我都没说过几句话,群里几乎没有人认识我。要是有人觉得我小题大做怎么办?要是引发纠纷怎么办?要是其他女同学站出来说"我也是女的,我没觉得有什么不舒服"怎么办?要是有人拿我当例子,说我没事找事,正好印证了"跟女性没有道理可讲"这句话怎么办?万一大家都不觉得这是个事,我专门挑出来说,会不会显得我很矫情?

可是不吐心里不痛快,既然终归有人要为自己说出的话负责,那么我愿为自己的话所造成的结果负责。同样,那名男同学也要为自己的话负责任。如果我的话会引起别人不舒服,就像我现在的心情一样,那别人也可以尽情表达观点。

最终我开腔了:"身为女性,虽然并不是谁的老婆或者母亲,但是仍然感觉这个问题有些冒犯。"

二、消除偏见,赢得尊重

发言后,我有些紧张地盯着手机看群里发言,心情有一点忐忑:既希望有一些回应,又希望回应不要太激烈。很快地,就有几名女同学表示她们有同感。还有人专门告诉我说:"很难得有站出来表达女性意识的伙伴,所以无论如何,觉得姐妹你很棒!"

看到她们的回复,我顿时胆子又大了一些,并且暗暗庆幸:这个话,说出来就对了。也有一个姑娘说,这个提问题的同学应该首先学会如何婉转表达尖锐问题。这句话又一次让我觉得不舒服。因为她所说的"尖锐问题",其实相当于是默认了"跟女性没有道理可讲"这个前提。

于是,我继续开始了我的"演讲":"这真的不是婉转不婉转的问题,这是刻板印象和性别固化的问题。我理解提问的这位同学本身没有恶意，他把这个问题提出来就说明，他很看重跟老婆、母亲之间的沟通质量。

"然而，正是从这个真诚的提问里不经意流露出女性都是'感性的、不讲道理的'这个观点，让我觉得不舒服。你可以说'我老婆、我妈、我周围的女性亲戚好像大都比较感性、比较情绪化'。但是，请不要说女性都这样。

"类似的，要避免的说法包含但不限于'女司机都是马路杀手''女生理科差''女领导容易情绪化''女老板、女艺人如何平衡事业与家庭'等。同样也包含'男生不擅长学语言''男生爱打扮就不像个男的''男生不适合服务类职业'等。"

后来，当事人出来澄清了："不好意思，那个问题是我问的，没有说女性都是那样的意思。我其实就是想说我老婆和我妈，只是想着别的女性可能也有类似问题而已。"然后，他就把问题改了一下。

我看到他的名字，想起来了。他是一个做科研的"海归"，平时工作说话都特别专业、有条理，再过几个月就要当爸爸了。他的头像是一对卡通情侣大头照。

这名男同学也很诚恳地承认说，自己真的没想过他的话会让大家觉得不舒服。所以在生活中，确实很难时时刻刻都换位思考——这也是他很难说服家人的原因之一，有些问题真的想不到。

事情就在这样一个平和的氛围中结束了。没有人觉得我小题大做，没有引发任何纠纷，更没有人觉得我矫情。就连发表那番话的人，也解释了误会，澄清了观点。

我准备开口前的一系列担心，其实都只是自己的想象而已。

不仅如此，我还收获了很多赞扬。那一天有很多人主动私信加我为好友。我相信，这不仅仅是出于对我个人的兴趣，也是对我说出了很多人的心声表示支持和感谢。

原来，大声说出自己想说的话，表达出自己对偏见的不满，这么痛快！我内心某处的一个小小的牢笼，好像突然被打开了。我走出来，看到了外面的阳光和鲜花。

2014年9月20日，艾玛·沃特森在纽约联合国总部的"他为她"运动的演讲里说：

"男人和女人都可以敏感，男人和女人都可以强壮。

"当我为这次演讲感到紧张或者自我怀疑时，我坚定地告诉自己，如果不是我，那又该是谁？如果不是现在，那又该是何时？如果当你面对机会时也有类似的疑虑，希望这些话能对你有所帮助。"

面对偏见感到不舒服时，请拿出这种舍我其谁、时不我待的勇气来。正视偏见、说出偏见、纠正偏见，你会因此而赢得尊重和掌声！

作者简介

叶宁，微博认证教育博主@木兰讲故事_，曾在4000人规模的外企带领团队，擅长用思维模型解决各种实际问题，通过对话挖掘个人潜质和实现目标。

理解痛苦，并在痛苦中成长

我做直播已半年有余，平均每天在线 3 个小时。在直播间，很多小伙伴会问我为什么总是这么开心，也非常想知道我是怎么找到快乐的。

如何快乐？有人说还不是因为钱嘛，有钱就快乐。那么请听我说一说我的亲身经历。

2018 年，我在美国读博期间遭遇了人生滑铁卢，出车祸脑部受伤，腿断了，生意烂尾，经济损失惨重。接着出现失忆、失语障碍，以及强烈的偏头痛和听力障碍，人基本的听说读写能力我全部有问题。而我作为无辜受伤的一方，还要面对一系列的法律纠纷，因为对方虽然全责却没有汽车保险，更无钱赔偿。

从我受伤开始，人生就发生了一系列变化。在我被撞的一刹那，我以为自己死了——那一瞬间我看见了空气中的水、尘埃，而我依然不敢相信我被撞了。

我过去看过很多关于濒临死亡时感受的描述，那一刻我相信并深深理解了书上的语句，人轻轻地飘在了天上。

由于脚伤和脑部损伤，我只能躺在床上休息。刚开始的两个星期，每天睡 19 个小时，没法做饭，依靠外卖续命。人长胖 30 斤，无法集中注意力，失忆导致不能继续学业。我每天只想睡觉，睡觉，睡觉……似乎永远睡不够。

另一边，我的车辆报废在事故车辆停车场，需要去交警队拿事故报告，需要查找车子被拖到了哪里，需要填写表格，需要缴纳各种费用，需要继续跟上学校的课程以保住学籍……

而当时被撞傻的我不知道该怎么办，没有想到向学校求助，后来有幸在一位教授的帮助下,学校才得知并主动联系我,帮我调整学习节奏。独自一人远在异国他乡,没有告知家人,我连打电话诉说的心情也没有。周围的人都不知道完整的情况,以为我只是遇到了车祸,或者只是因为公事。

如果你觉得遇到了人生跨不过去的坎,可以看看当时的我在那样的情况下,是怎么找回快乐的。

因为休学造成的学费、保险费等各种杂费都打了水漂,在学期的最后一星期,我不得不作出休学的决定。彻底回归到一个人,静静地躺在房间里,没有家人,朋友们也都只能偶尔来。我有了大量的时间睡觉,和自己独处……而此刻最不想面对的就是自己。这期间我深有感触,不是所有人都愿意来接受我们最惨的一面,大多数人只能与我们最好的一面相处。我开始慢慢接受这样的现实,理解并消化自己的痛苦。

一、倾听别人,理解痛苦

真正开始让我产生变化的,是一通通陌生的电话,这也是我开始做公益咨询的起点。一个朋友怕我无聊,告诉我一个软件名称,通过软件可以和陌生人打电话,随时都有人接听。我怀着好奇心,开始了拨打。我太需要找到一件事忙起来,至少让我不去想自己那些繁杂且处理不清的事。

第一次陌生电话之旅开始了,刚开始别人询问我的情况,我还会非常认真地自述目前的境地,一开始就解释为什么不上学、不工作等一系列的问题。我的每一通电话几乎都在重复自己的遭遇,直到有一天,我被自己的重复诉说感到厌烦。

而真正让我开始闭嘴,不愿意再说那些经历的一个原因,是我发现电话中遇到的人,或多或少都有痛苦,我慢慢变成了痛苦解读专家。

我懂他们,我理解痛苦的感受,知道他们在说什么,知道现在痛苦的人最需要什么。我本身是一个非常有耐心的人,加上受伤后,对他人也更包容,所以我可以仔细倾听每个人的心声。我希望尽自己所能,哪怕是小小的一个行为——倾听,在共情中倾听,帮助别人走出困境。

电话中我遇到过各种各样不同人的烦恼,如失恋、破产、亲人离世、对未来迷茫……有知识渊博的人,有豪二代遭遇破产,有刚坐牢十年出来的小店主,每次我都认真地聆听着,听了整整上千通的电话。

之后,我每天会要求自己打至少 15 通以上的电话,去听别人的人生。坚持了几个月,从早晨醒来,到晚上睡觉前,一直都在电话中。在倾听别人的故事后,我开始反省并认识到以下几点:

1. 人生的痛苦是无尽的,永远不要期待没有痛苦,但我们可以将痛苦调整为挑战;

2. 每个人的生活都不容易,不管是高官富豪,还是贫苦学生,都在人生路上痛苦挣扎,都只能靠自己勇往直前,概莫能外;

3. 开始更多地理解他人。我们经常会因为标签化看人,而厌恶、远离、错过了太多有才华、有意思的人;

4. 不要小看任何一个人!也许有一天拯救你的,恰恰是你最意想不到的人。

二、传递能量,寻找快乐

听了上千案例,让我在短时间内迅速积累了大量的人生经历,也让我一直在做的直播节目提高了质量。

意外的是,我的语言能力开始慢慢地恢复起来,就像老天敲醒了我,派我来替他倾听人间疾苦,让我给大家带来最温暖的心意和最真诚的支持。

听了我说了那么多,你也许会问,你就是这样开始真正地发现快乐的吗?

这个问题让我想到小时候,大人们经常说:"你要努力哦,中考之后就轻松了。"到了中学,大人们会说:"你要加油哦,高考之后就自由了。"我们特别期待长大,幻想考上大学,得到极致的幸福和快乐。

结果,我们终究要面临残酷的挑战并学会成长。痛苦也是如此,它会给我们大大小小的考试,小测验、期中考试、期末考试、人生大考,一步步升级。

三、在痛苦中成长

快乐,是我们在痛苦中找到的一点光,那光会一点一点地吸引我们,让我们不断将自己的能力发挥出来,使我们开始慢慢地神采焕发。快乐,是我们可以帮助到别人、对别人产生作用和价值后获得的成就感。

这种成就感可以来自很小的事情,也可以是很宏大的事业。但我们不可忽视它所带来的极佳的心流体验,会让人在某一刻感受到真正的轻松愉悦,非常简单,非常美妙。

当我们的内心越来越多地沉淀这样美妙的心流体验时,我们就会在快乐情绪的正向推动下,对自身的各种痛苦进行另一种疗愈。由此,我总结出寻找幸福的步骤:痛苦—做可以帮助到他人的事—让自己产生轻松的心流—最终疗愈痛苦。

经历过这样的心路历程,终有一天,我们就会轻松地站在人前,讲述当初的心理挣扎过程,玩笑式地激励更多人去努力,去奔跑,去激情洋溢地活着。

作者简介

元气暖阳,心灵主播"第一人"。美国跨学科教育博士在读,MBA和大数据专业双硕士,10余年创业和管理经验。研究领域:积极心理学与教育。

把内向变为优势，让沟通更有效率

工作早期，我发现自己在职场交流上存在些问题。我不喜欢向上沟通，对与老板的交流能躲则躲，能忍则忍，多一事不如少一事，能少说就少说。如果一定要说，就小声说。

我性格内向，和熟悉的对象才能放松沟通，与有陌生感的对象交流便不太顺畅。步入职场前，我从未想过性格内向会变成个人的工作劣势。

一、内向也可以在不断"打磨"后进行沟通

当时我刚跳槽到一家新创业公司，行业领域是我非常感兴趣的，所以心情自然愉悦。我埋头工作，把所有工作事项按照四象限工作法规整好，当日事当日毕，起初很顺利。由于是创业公司，没有什么人手，也许是我认真负责的态度被领导觉察到了，老板经常让我去他办公室聆听他的教诲和工作安排，还把整个项目交给我。

每次我都很紧张，抱着笔记本进去前都要深呼吸。进去后就低着头记录重点，唯唯诺诺、不敢直视并且小心翼翼，回答问题的声音也很小。我的肢体非常僵硬，还要硬撑着点头称是，就像一只瑟瑟发抖的鹌鹑。

我和公司人力资源总监（HRD）经常约着出去吃午饭，慢慢熟悉后，有一天我向她吐槽老板总是找我聊天聊工作，一唠叨就要个把小时，太耽误工作了，本来项目时间就非常紧张，工作没完成就要加班，太烦人，以前公司的老板从来不这样。而且我有些担心，现在项目进展的时间不太够，明显有问题，只能硬撑着。

HRD 回答："怎么能这样理解呢？老板经常找你聊天是想了解你的工作进度，是器重你的表现，你应该开心。如果工作无法在限定时间内完成，

你需要和老板沟通汇报，并且提出你的需求，而不是背后抱怨。他不是经常找你聊天吗？这就是给你反馈问题、汇报沟通的机会呀！"

我恍然大悟，老板也知道项目时间非常紧张，靠我硬撑也不能解决项目没办法如期完成的本质问题。于是我停下手里的工作，写了一份时间规划方案，计算出需要多少人力能如期完成项目，描绘了几种场景。

去找老板汇报之前，我担心自己因为紧张而出现磕巴忘词、逻辑混乱的情况，所以除深呼吸外，我还做了其他的准备：积极给自己做心态建设，提前模拟练习自己的发言，打磨内容，把重点都写在笔记本和手机上，标识概要提醒自己。

最终，我主动提出了问题，和老板反馈项目工作中人员不够的情况，寻求招聘帮助。

然后，我紧张地咽了咽口水，等待老板的回应。很快老板就表示赞成我的想法，他也有同感，他觉得我工作表现不错，希望我继续努力，招聘的人员给我带，也给我升职。

没过多久，老板正式给我升职，由我带领实习生开始推进项目。

这个项目的推进事宜就在这样一次良好的沟通汇报中解决了。没有被老板指责能力不行，也没有被老板评价这是异想天开，没有任何人认为有问题，就连招聘部门的同事都积极协助配合。不仅如此，我还得到了老板的赞赏，并且升了职，开始正式有名分地负责整个项目。

我汇报之前的种种忧虑，都只是自己的幻想和恐惧。

原来，表达出自己的真实情况，是这样简单且愉快。我原本封闭的心态，就像被明媚的阳光照射了进来，不再充满压力与负重感。

2018年4月29日，有一个和我一样内向的小姑娘在TED演讲里这样说：

"内向者以多才多艺又尽职尽责著称，既能团结小组，又能独立工作。内向者的性格不会影响到一个人有多快乐或有多成功，前提是你要对内向性格持正确的态度。

"如果你觉得自己是内向者，还认为内向是世上最糟糕的性格，你就永远不会真的对自己满足。而且你也会不断尝试改变自己，迎合社会。但是只要你能接受自己是内向者并保持快乐，就没有什么能阻挡你实现目标，取得你想要的成就。

"总的来说，当内向者绝对没什么不好的，不管社会怎么说，你都不必改变自己，因为当内向者是件很棒的事情。

"生活的秘诀就是把自己放在正确的光线下，有些人需要百老汇的聚光灯，而有些人只需要一张被照亮的桌子。"

所以，下次当你看到那个坐在教室后面沉默的、不怎么参与课堂活动的孩子时，我希望你能这么想："不知道他们以后会有怎样很棒的想法呢。"

不要自行贴上性格内向劣势的标签，请正视自己的长处和优点，比如，内向的我喜欢不断"打磨"自己的想法与观点，使得观点更加"锐利"。发挥自己的优势和长处，我们会收获赞美与奖励。

二、把内向性格转化为沟通优势

时隔半年，我在集团会议上汇报公司项目数据，下面坐着一堆人。没错，内向的我在公开场合流利地演讲。

与公司其他业务线同事会后聚餐，说起现状，大家对我大为惊叹，真没想到一脸羞涩、茫然的我成长那么快。我自己也没想到，这一切的改变源自一次良好的沟通。

自从负责项目后，我便经常去找领导，请教自己在哪些方面还要继续学习提升。

培训完新员工,领导跟我说:"培训新人除了工作内容,团队氛围和意识也很重要。"

团队开完会,领导跟我说了开会要在多长时间内说多少有效内容,会议必须有所结论。

跨部门沟通完,领导跟我说:"你想做成一件事,就必须要有人配合,有些方式方法需要酌情把握……"

我还是一头雾水,又抱着小本子去请教 HRD,她说了一句让我印象深刻的话:"你要混沌度日,就继续满足现状;你要走得更远,有要实现的目标,就得针对自身做有效努力!"

我开始选择主动追求更多可能,也在职场晋升和加薪的诱惑下,选择了迎难而上,拼命硬磕沟通能力。

以前看到 CEO 和股东,我不想刷出存在感,如今我更勇敢地展现能力,争取脱掉自行带上的"小透明"之帽。以前在公司周会上发言,我小声细弱发言,如今我大声坚定地敞亮表达。以前和别的部门主管有业务上的冲突时,能忍则忍,抱着多一事不如少一事的心态,如今大家就事论事,该怎么样就怎么样,绝不当背锅侠,不当部门间的老好人。

我每天努力地大练特练,主动上,勇敢上。通过阅读书刊,观察旁人的表达方式,不断学习提炼优点,及时练习,改善个体的薄弱项。

最开始的时候,我没有经验,便硬着头皮带团队培训、主持会议、跨部门沟通。每天回到家都精疲力尽,有一次在下班后的网课上累到睡着。

承认现状是成功的第一步。当时处境不容乐观,原本我的职场沟通技能就薄弱,自小容易害羞,表达能力不佳,更要加倍付出努力。能力得靠自己勤加练习才能获得。

朋友问我是如何坚持下来的，我说："因为一口气，因为有梦想，因为想做到，需要全力完成自己的梦。我还这么年轻，必须死磕到底，得勇敢一点。"

沟通之所以难，就是因为要面对自己内心的不安。刷微博、看网剧、当职场咸鱼多惬意，但有的人却在做好专业后还在学习管理技能。

自己躲在上司背后做被投喂的废柴多美妙，有的人却在争取表现，积累经验成为核心。

不思进取，拿内向性格当理由多简单，有的人却在为了自己的梦想与野心拼命练习演讲能力。如此这般的人，又怎么可能因为性格内向就局限了自己？

内向性格的沟通优势不是指你得做到像外向性格那般，你不需要反应极快，不需要和人交流得毫无障碍，让每个人物情绪高涨且都爱极了你。

内向性格本身有自己的特点，如谨慎，擅长聆听，有丰富的内在世界，热爱学习，喜欢探索，有创造力，情商高，擅于观察。内向性格并不需要完全拷贝外向性格，把内向性格转化为沟通优势，只需要从努力接纳一件小小的事物开始。

比如，接纳自己原始沟通状态的情况，接纳自己不完美时的无力与痛苦。接纳是不舒适，是成长的一部分，接纳自己是在往内探寻。接纳自己需要学习成长，需要伙伴支持，需要大量练习与反馈，才能做得越来越好，才能摆脱无知，成为一个有沟通效率且勇敢开放的人。

当这些看似不被注意的能力成为你身体里的一部分，它们就变成了你人生道路上的ETC，为你节约时间，让你一路高速通行。"嘀"的一声，不用排队拿卡缴费，免去等候的烦恼。

这是一场自己与自己较劲，突破自己时间记录的人生赛车游戏。

但凡有些闪光的人，都具备沟通的能力。他们都有高效率的信息传达方式，高情商的状态。你所做的一点一滴，都是对自己能力的储蓄。把自己脑海中所有的质疑、责备都转化成"我可以、我能行、我有期待"，就离胜利不远了。而那些以为弱小无知就应被优待的人，面临的是幻想破灭。

直面真实的内向性格，接纳自己的问题，给自己勇气，慢慢来，转换思路，踏出自我局限，一切都会变好的。

作者简介

晴参谋长，曾任荔枝App运营经理，拥有7年工作经验，擅长心理学、运营、管理。

减少焦虑的秘密，从少说"但是"开始

我认识一个女生，她最近有了喜欢的对象。本来是很开心的事，但她的心路历程却百转千回。

"看到他就莫名激动，但是他一点都不知道我在为他激动。"

"要不要走过去多跟他讲几次话，但是万一他对我没兴趣怎么办？"

我直接告诉她："不要把追不到对方，当作一件很失败的事情就好。不如通过这件事情多了解你自己。"

结果我收到了回复，她又说："但是当我做出了一系列表达爱意的行为时，如果对方没有给我相对的回应，我会不断自我怀疑；反过来，如果对方给了我回应，我内心会很喜悦。"

我对这个回复保持着观察的态度。

一、整合矛盾，释放自己

这个女生把每一步的选项，都翻来覆去分析了半天的结果是什么呢？

她会激动，希望对方也为她激动；她想主动多说话，希望对方也多关注她；她想去表白，希望对方给她好的回应。满足了这些，她就觉得是一个好的发展方向。

反过来，对方没注意到她的暗恋，她一下子就变得失落。本想鼓起勇气去和他多讲话，又被前面的失落情绪影响，顿时没了勇气。就算有机会，也没办法直接说出喜欢。最后自己又和自己说："算了，果然我还是不行，他不会喜欢我的。"

一个遗憾的死循环。

越想要定论，越想要确定，就越纠结。生怕一步错，步步错，又因为浪费时间而更加焦虑。她最后是被男生拒绝才难过的吗？其实不是，从头到尾她都是被自己的纠结和焦虑压垮的。

有没有注意到，她每一步的选项里，重点都强调了后面的"但是"部分。

至于我提到的，不要把追不到爱情，当作一件很失败的事情，她对这个观点其实持否定态度，然后她加强了自己认为对的那个声音。

爱说"但是"的人，会格外执着于要证明自己选得对。

爱说"但是"的人，面对生活中的各种问题，会强化自己好像只有一个选项的认知，于是加重了纠结和焦虑。

爱说"但是"的人，习惯否定前一个条件，往深一点说，他们是整合内在自我的能力不够强。

每个人的生活里都会有遇到慌乱、感到孤单的时候。在这些混乱的情况下，整合内在自我能力不强的人，会习惯性地压抑自己，于是在不知不觉中，就把内在真实的一部分声音给丢掉了。

其实，很多时候人不是不会选择，而是害怕选择。尤其是这种看似非A即B的选择，不符合我们想要的最优解，不能带来满意的确定感。

再回到开篇我提到的那个女生，跟喜欢的人表白真的是个非A即B的选择吗？要么就得每一步都有确定的回应才能说喜欢，要么就是打死也不说，说了就是暗自受伤？

事实上她的喜欢是真的，对方有什么反应她不知道也是真的，这些是共同存在的确定与不确定。

或许那个女生听我说了这么多以后，她也会想："噢，好吧，就算我确实也知道，爱一个人的过程本身也是一种很有意义的成长，可是我知道了又有什么用呢？我还是会不断地用反馈来衡量要不要付出。"

的确，这些情况不能只是想而已，也不能只是沉浸在情绪里。我们可以尝试学习的一件事是，不要推开内心真实的部分，接受它们是和其他的希望同时存在的。

二、换种说法，缓解焦虑

如果不跟自己说带有负面暗示性的"但是"句型，那要怎样安抚自己呢？

如果我是那个担心被拒绝、担心得不到爱的女生，我会换个说法跟自己说："是的，在感情里，我确实会考虑对方的反馈来衡量要不要付出。同时，我也想好好体会在一段感情里成长的感觉。"

有没有注意到，我没有继续用"但是"这个充满了暗示忽略的词，我用的是另外一个词：同时。

"同时"的意思就是，看起来有冲突的两种情况，其实它们内在是可以被整合的，它们可以一起存在。

我建议那个女生试试，这个看起来小小的实际却很有力量的建议。想想会发生什么微妙的变化呢？

"我确实不知道他是不是注意到我了，同时，我看到他还是会莫名激动，哎。"

"我确实不知道他会不会对我有兴趣，同时，我还是冲动地想走过去跟他聊几句。"

"我确实不知道假如向他表白会得到什么反应，同时，我也发现要是不说，更后悔的人是我。"

当她这样跟自己对话时，就把心里的声音全说出来了。没有哪个声音是更不好的，也没有哪个是更好的。这几句话一旦落地，那些原本不被接纳、不被看到的情绪就被稳稳地接住了。同时，我们会自然地充满安稳感和信心。

后来我问她："你到底有没有跟喜欢的对象主动表白呢？"

"还是没办法那么自信地走过去。不过，我现在已经意识到，我都不说，别人怎么知道我喜欢他。"

"先试试看，经常给他留言评论好了。"

"不然，我突然说喜欢他，对方肯定也不知道该怎么回复。"

听起来这个故事的后续也不错。更令人振奋的是，真实生活里，我们心里的声音会比这个故事中展现的要多得多。当我们能够充分地表达出来内心真实想法，不去否定任何一种声音的时候，我们就有足够的力量，能看到生活的全景。

缓解焦虑的办法并不是努力去摁住焦虑，不要否定、忽略，而是要承认它的存在，同时告诉自己，焦虑和困难并不是我们的全部。生活里还有更多的资源和可能，在等待我们用更好的力量去整合。

希望你不会把忽略、否定、遗忘真实的自己的权利，轻易交出去；希望你能够找回、拥有、看见真实，并且整合自己的力量。

作者简介

陈燕，微博认证闪光训练营主持人@Miss陈语娇，毕业于南京财经大学工商管理系，工作8年，曾在首家民营旅行社上市公司任互联网运营，同时拥有影院连锁发展、IT系统集成行业经验。在互联网学习平台三节课和闪光少女训练营担任助教。自我学习、迭代与整合能力突出，洞察力强，擅长沟通表达和换位思考。

自我疗愈，如何让我从不安走向满足

我是一名心理咨询师，如果有人问我"你喜欢自己吗？""你对自己满意吗？"在很长一段时间里，我的答案是"不"，但现在，我的回答是"还可以"。

成长是有阵痛的，如何在痛苦的伴随下，一步步摸索，从内心不安、迷茫走向安然、满足，这是一个有些漫长且不太容易的过程。

一、自我疗愈，从倾听自己内心的声音开始

从记事起，我就在母亲的呵斥下生活，经常因为一点小事就激发起母亲对我的"愤怒"。

母亲是家里唯一读书到高中的女孩子，也是当年镇上为数不多考上高中的女孩子。虽然外公外婆不太支持她继续读书，但是她依然坚持下来，自学考上了大专，并在毕业以后成为一名英语教师。母亲的好胜心很强，因为想去更好的学校教书，所以把我寄养在爷爷奶奶家，这样她和爸爸都有更多的时间发展事业。

在爷爷奶奶身边的童年充满了快乐，爷爷是那个年代的读书人，常常手把手教我书法，教我要做一个善良、正直的人，没有打骂过我，连红脸都很少。姑姑、叔叔家都住得很近，一大家人经常热热闹闹地在一起打趣、聊天。姑姑家的表哥自然成了我童年时期最好的玩伴，记忆里农忙前后，村里处处是我们的游乐场。奶奶站在村头一遍一遍叫我的名字，催促我回家吃饭的场景，也成了我美好回忆里的一个场景。那时的我，是个阳光男孩。

但自从小学四年级时被母亲接到身边，我的童年"噩梦"开始了。母亲对我的要求十分严格，每天回家必须先完成作业，为很小的事情就会打

骂我。就算我学习成绩不错，经常是班里的前三名，母亲依旧对我不满意。在记忆里，不管我获得什么样的成绩，从来没有得到过母亲的认可和表扬。

记得有一次英语考试，没有达到母亲的期望，被她打骂了两个多小时。时间一点一点过去，母亲责骂的声音还在我耳边回响，我不知道如何结束这一切。我默默掏出铅笔刀，在手背上割了两刀，希望母亲能看到我受伤了，给我哪怕一点点的关心也好。可是没有，母亲冰冷的表情让我第一次有了一种强烈的感觉：我不值得被爱。

这样的心态直接影响了我后面的人生轨迹，从那时候起，我常常陷入莫名的担心，生怕有什么事情做得不对，母亲会不满意。我就像一个被抛弃的孩子，无人关怀。

扛着巨大的精神压力，我参与了三次高考，前两次成绩都不理想，直至第三次高考，分数还可以。在选专业的时候，我认定了心理学，但母亲怎么都不同意，认为心理学不好找工作，耽误我未来的发展。我尝试说服她却失败了，母亲帮我填了当时学校热门的专业。不理想的专业导致我大学四年非常茫然，也让我再次意识到被支配而产生的不良后果。

我决定为自己的人生负责，最终我跨专业考研成功，并机缘巧合地去了澳门读心理学研究生，再一次远离妈妈，那也是我工作前最自由的两年。研究生期间任务不重，我每天上午10点上课，下午5点放学，自由清闲的日子里也正式开始了自我疗愈。

我开始梳理自己存在的问题：做事效率低，下不了决心，害怕变化，间接性地体验到情绪低落，很难和别人建立真正亲密的关系。恋爱分分合合，好几个朋友也是半途缘尽。因为我总是感觉别人好像在控制我，不信任我。我对别人很好，别人却没有同等对待我，他们辜负我，我们之间的关系就这样产生了裂痕。而在某些同学关系当中，我又习惯挑剔别人，打击别人，变得和我妈一样。

于是我接着思考，我为什么会有这些问题，甚至在学习心理疾病学时，每学一种我都觉得自己得了这种病。一开始我觉得自己的主要问题是强迫症，总是反复想一些事情又觉得无聊，但控制不住。后来一边思考一边学习，我知道强迫症的背后是完美主义，再到后面，我知道完美主义的背后是缺乏安全感。

著名心理学者武志红曾说，一个不在家的父亲＋焦虑的母亲＝缺乏安全感的孩子。我的家庭模式再符合不过。我知道了缺乏安全感是我所有问题的根源，于是我开始着手解决，搜集相关资料，把安全感作为我毕业论文的题目来进行研究。

在去澳门读研之前，我内心就一直有个声音，我想去港澳台等地，其实就是想离家远点。逐渐倾听自己内心的声音，变成了我很重要的习惯。读研期间自由清闲的独处时间对自愈是很重要的，我有时会在自己的月租房内自言自语，重复说着些废话，后来在学习的过程中，这些都被验证对心理健康有益，有助于提升自我安全感。

二、治愈的因素从不来自外界，潜意识早就给出了方法

治愈的因素从不来自外界，其实我们的潜意识早就给出了方法。

第一，模仿自己认同的人。我曾经想当一名演员，后来因为种种障碍，这个想法被搁置，在不断学习和思考的过程中，我知道了，我是想通过扮演角色来拥有别人的体验，特别是那种潇洒自如、不拘小节的角色让我十分向往。其实后来我明白，我就是想体验那种拥有安全感的感受。

即使不是演员，我们仍然可以揣摩和扮演我们认同的人，体验那种感受，

然后将其内化。安全感如果是种情感，情感会影响行为，那么行为反过来也会影响情感，我们可以先从模仿表情、动作这些小的行为做起。

第二，寻觅并建立健康的亲密关系。安全感主要受原生家庭关系影响，关系导致的问题最好也通过关系来解决。如果能在自我疗愈的过程中获得一个健康的亲密关系，那么对疗愈的帮助是非常大的。但这种亲密关系不是一种强迫性重复。武志红老师说，中国人找老婆的模式就是找妈，所以我需要识别区分亲密关系中的"对方"和"妈妈"。

我们在遇到和家长相似的异性时，可能会迸发出炙热的情感，但如果原生家庭本身存在较大的问题，那么基于这种炙热的情感所建立的关系带来的是更大的不安。我也经历了从不安关系慢慢走入健康关系的过程，而健康的关系是双方互相滋养，彼此看到对方正成为更好的自己，这会让我们对生活树立极大的信心。

第三，练习控制自己的身体。我从初中开始就有撅脖子的习惯，像摁手指骨节一样发出咯咯的声音。肚脐就是我的死穴，一想到这里可能会被什么东西碰到，就很不舒服。我也非常热衷篮球和街舞等激烈的运动。

这是一个明显的信号，身体是我们最熟悉的，感受也是最直接的，心理的很多状态其实都会反映在身体上。比如对我来说，焦虑紧张，胃会不舒服。背部上半部分和压力有关，如果我们感觉自己有压力了，可以往后旋转我们的双肩来放松背部。当然，情绪跟面部的很多肌肉都有关，如果我们感觉自己哪块肌肉不太受控制，比较僵硬，我们可以试着去锻炼它。

完全消解原生家庭对我们的影响是比较难且漫长的，但从外在方面慢慢获得对自己的控制力是相对容易做到的。类似瑜伽等许多运动都可以帮助我们练习控制身体，不过做这些训练时需要有一个方向：让自己舒展，让身体有灵活性和柔韧性。最后一个简单且方便的练习就是呼吸调节，推荐腹式呼吸法。腹式呼吸跟俗语说的气沉丹田比较接近。

（1）取仰卧或舒适的冥想坐姿，放松全身。

（2）自然呼吸一段时间。

（3）右手放在腹部肚脐，左手放在胸部。

（4）吸气时，最大限度地向外扩张腹部，胸部保持不动；呼气时，最大限度地向内收缩腹部，胸部保持不动。

（5）循环往复，保持每次呼吸的节奏一致，细心体会腹部的一起一落。

经过一段时间的练习之后，就可以将手拿开，只用意识关注呼吸过程即可。

还有478呼吸法，就是吸气4秒，屏气7秒，吐气8秒，作为一个循环，连续4个循环为一组，这个方法还可以用来调整失眠。

这些呼吸方法在中国传统文化中对应的是养气，我们看那些情绪词汇，如生气、气"死"了、气炸了、气定神闲等，就知道气和情绪的关系了。

第四，尝试一些心理练习。在不断的学习过程中我也积累了一些心理学的方法。

（1）练习表达对立、拒绝、愤怒的情绪，这会让我们修补婴儿期的阴影。

（2）如果一件事让我们不舒服，我们想一想，有没有其他可能的原因。比如，追求的女孩子没有及时回信息，除了她对我们没兴趣，不想理我们，还有没有可能是其他原因，可以每次多写几种可能。

（3）我们可以试着相信自己的直觉和本能。我的第一反应往往是没什么问题的，经常是自我反思过多，让自己变得思维迟缓，行为拘谨，压抑的东西在其他时候又以更可怕的方式冲了出来。注意，自我剖析和反思是有不同的。

（4）寻找一个单纯的环境自处，比如，一个人躺在床上，裹紧被子；一个人散步；一个人钓鱼；躺在浴缸里感受水温；等等。

（5）建立自己的边界，不要过于自恋，自卑和自大其实是一回事，这也是曾奇峰老师的观点，因为二者都是认为什么事都和"我"有关，而客观现实是很多事不以我们的意志为转移。认识这点有利于我们自己的健康，因为自恋，人就会太主观，就会产生相应的社会适应问题。边界清晰了，我们就会达到现在流行说的钝感，不至于过于敏感。

（6）沟通我们的无意识。一个人只要安全感降低了，就证明他对别人的敌意增加了，然后他把这种状况投射成环境对他的威胁。当我们能意识到这点的时候，我们的不安就能减轻一半，因为控制自己肯定比控制别人要容易。

毕业以后，我成为一名心理咨询师，接触了很多有童年阴影的孩子和他们的家长。做咨询的过程也是一个不断摸索的过程，我希望能帮助更多人解决他们的问题。我发现很多疗愈的源头，就是重新找到安全感。

有人说"包治百病"，为什么呢？因为包是保护女孩子隐私和私人物品不被侵犯的工具，也是提供安全感的物件。对男孩子来说，裤兜就是包。有了安全感才会有其他美好的感受。

我在做一些练习时，有过不少次突然在某一些时刻，感觉自己像被打通了某个关节似的，整个人觉得轻快、满足、有力量，自己眼里的别人也变得可爱了几分，也听到别人眼里的自己可爱了几分。所有的生活也好像都在朝好的方向发展。

人生本就是一场修行，我们通过修行能让自己变得相对平和、满足，这不过是修行中很重要的一项。只要我们愿意倾听自己内心的声音，愿意练习声音背后的技巧和方法，修行的成果一定不会辜负我们。

作者简介

陈晨，微博@医学界的自燃姐，毕业于澳门城市大学应用心理学系，拥有 5 年心理咨询相关经验，擅长心理学。

乖乖女处处委屈，改变后无往不胜

几年前，我和朋友一起看了一部浸入式戏剧——《不眠之夜》。这部剧没有散场时间，只要想在里面玩，就可以一直继续。看剧时手机被"锁死"，我当时先从剧院出来，却联系不到我的朋友。

我在楼下酒吧等了朋友将近一个小时，等不到，就开车先走了。

朋友看剧出来，没找到我，十分生气，觉得我不够仗义。在她看来，上海我比她熟，既然开车来，就应该送她回去，晚上让她一个人打车实在太过分。

而我也很委屈，一方面，我已经等了她将近一个小时；另一方面，第二天一早我还要赶飞机。除了这些，更令我无语的是，我送朋友回家，被视作理所应当，有事儿先走，就成了自私。

回到家后我开始反思，或许这就是"懂事"种下的恶果。

一、懂事的乖乖女，"副作用"很大

从小我就是"别人家的小孩儿"。在同龄人天真无邪、撒泼打滚的年纪，我早早地懂得看人脸色。克制自己的任性，学着听话、懂事，成了长辈们眼里弟弟妹妹们的"榜样"。

但懂事的乖乖女，"副作用"很大。

长大之后，与别人相处，我也只会"懂事"这一招。遇到事情，不动脑子思考，本能地忍让付出，换取别人的喜欢。也因为不懂得拒绝，总想着讨好，往往导致付出没有换来尊重和认可，反而被当成理所应当。更令我难过的是，帮了别人十次，拒绝别人一次，就成了坏人；帮了这人，没有帮那人，也成了坏人。

就这样，做事之前我总是想着别人怎么看我，日子过得特憋屈没劲。

而身边那些"不懂事""自私"的朋友,却有人争先恐后照顾他们的需求,他们也活得潇洒得不得了。

忍了好久,直到整个人快要"爆炸",我才下定决心——喊停!

二、撕掉"乖乖女"标签第一步:学着拒绝

刚开始学着拒绝时,我总是想起《教父》里那句话:"当你说'不'时,你要使'不'听上去像'是'一样好听。"就为这句话,我满脑子琢磨着,怎么"完美"地拒绝,怎么不伤人地拒绝,结果自然是想不到什么好办法,一次次又当"烂"好人。

后来我豁出去了,哪怕得罪人、没朋友,遇到事也要先考虑自己的感受,不方便帮的忙,绝对不委屈自己。

和闺蜜聚会,她想让我开车送她回家:"不好意思,大晚上的开车绕半个上海,我不方便。"同事要早下班去聚会,想让我帮忙把方案写完:"不好意思,我下班也有约会。"

我的经验教训是,想不伤人地拒绝,是永远没办法开始拒绝的。这时候可以给自己定一个小目标,比如,每周学着说一次"不"。无论发生什么,都雷打不动。慢慢的,多体会几次照顾自己感受的那种痛快潇洒,就真的不会再"委曲巴巴"地"懂事"了。

三、撕掉"乖乖女"标签第二步:建立边界意识

很多年前我做过一件蠢事——劝自己的闺蜜分手。当时的我认为,总是花女朋友钱的男生不值得交往。而闺蜜觉得,男生对她好,哪怕她给他花钱再多,她也乐意。我执着于这个观点,多次情绪激动地劝她分手。闺蜜怪我多管闲事,当时的我可委屈了,觉得自己好心被当成驴肝肺。

我的观点对错并不重要,重要的是,我越界了。闺蜜的事情应该由她自己决定，而不是我打着"为她好"的旗号，去干预她的私事。别人拒绝了我的建议，我还觉得难受憋屈。

因为在乖乖女的生活里，我不知道什么是边界。

所谓边界，就是分清楚什么是自己的事，什么是别人的事。自己的事，自己负责，不托付给别人；别人的事，少批评干预，控制自己"教别人做人"的想法。

我们要做的是，守住自己的边界，也不去侵犯别人的边界。让彼此的关系，保持在合适的距离。这样既可以彼此支持，又相互有独立的空间。

四、撕掉乖乖女标签第三步：消除"不配得"感

我从小接受的教育就是，做人做事，吃亏是福，不能占别人便宜。

还记得当时恋爱时，男生送了我价值 500 元的礼物。我当时虽然高兴，但更多的是受宠若惊，心里有了负担。我心心念念这件事，终于在他生日时，攒了几个月的生活费，送了他一个价值 2000 多块钱的耳机，心里这才觉得踏实。

不仅如此，给家人买贵重礼物时，眼睛都不眨；给自己买东西的时候，总觉得这么好的东西，给自己浪费了。照顾别人时，事无巨细；照顾自己时，什么也懒得干，觉得没必要，将就一下就行。

别人都说，这是懂礼貌、识大体，不给别人添麻烦。实际上，这背后是"不配得"感。从小被教育听话，没有照顾到自己的感受，总觉得自己不配拥有好的东西、好的待遇。

这么做的后果就是，表面上和大家很亲近，实际上内心是个"孤家寡人"。

一方面，别人的善意里包含着别人的感情，拒绝善意的同时，也拒绝了这份情感连接。另一方面，自己付出的时候，内心也是有委屈的，这样反而拉开了自己和别人的距离。

要消除这种"不配得"感,就要学着照顾自己的感受,大方地接受,然后再大方地给予,让这份情感的连接流动起来。

五、撕掉"乖乖女"标签第四步:爱自己

乖乖女"懂事"的背后,是期待被别人喜欢。其实,让世界喜欢自己之前,最先应该做的是自己喜欢自己。

什么是喜欢自己?我之前总觉得,宠爱自己就是对自己最好的爱。吃自己想吃的,买自己想要的。其实这远远不够,真正的爱自己,是接纳自己。

记得之前看过柏邦妮的一篇关于抑郁症的文章,里面有个观点。以前的她和自己的关系就像恋人,很期待,很欣赏,但稍微发生点什么,就容易对自己失望。后来她学会了更好地爱自己的方式,就是和自己做朋友。遇到不顺时,像朋友一样鼓励自己,而不是骂自己没出息。

像对待朋友一样对待自己,当自己取得成就时,为自己鼓鼓掌;当自己难过时,给自己一个拥抱。把自己当成一个有七情六欲、有血有肉的人。有小缺点、小隐私、小堕落、小嫉妒,那又有什么关系呢?人不是机器,有了这些,才更加丰富多彩。

希望大家都可以由衷地爱自己,就像王尔德那句话,爱自己才是终身浪漫的开始。真正地爱自己,才能好好地爱别人。

作者简介

谢如梦,微博认证心理博主@直男夫人。目前任互联网公司运营,擅长原生家庭解读、长期亲密关系经营。平时热爱读书,希望分享自身经历为他人带来一些新思路。

鼓足勇气表达不满，人生从此开始逆转

在生活和工作中，我们常能遇到这样的人。

被人越界评判时，他们会表达自己的不满，申明界限；被人言语攻击冒犯时，他们不会一味解释，而是大胆还击；权益被侵害时，他们会努力维护自己，即使对方是老板、知名人士，他们也毫不惧怕。他们敢想敢做，在自己热爱的领域闯出了一片天，他们的生活被很多人羡慕。

一、勇于表达不满，可以活得畅快自在

我身边就有这样一个人，他叫张洪，是一位作家。

大学毕业后，张洪到一家企业做销售员。虽然性格内向，但他敢闯敢拼，入职后的前两个月，他跑了50个县城做市场推广。不到三个月，就把业绩做到了公司第一名。

原本顺风顺水的他，却在一年后因业绩太好而遭遇磨难。公司老板舍不得给他提成，就让他重签合同。合同里规定，今后提成缓一年发，且员工要无条件同意公司的任何变动，否则就视为辞职。

张洪生气极了，向老板质疑。哪知老板很狂妄地告诉他："只要签了合同，就能涨工资，不愿意的话，你可以辞职！"面对老板强硬的态度，张洪心想，即使工资再高，这种背信弃义的人也不能跟，于是他提出了辞职。临走前，老板还想拖欠他最后几个月工资，张洪软硬兼施，以"再拖欠就起诉"为由，迫使老板把钱补上了。

辞职后，张洪凭借积攒的资源与许多企业开始合作，很快打开了新市场。

收入稳定后，就开始筹备做自由撰稿人。

一年后，张洪的写作业务逐渐走上正轨。一次偶遇，他以前的同事告诉他，张洪走后，老板变本加厉地克扣员工工资，同事们被逼得陆续辞职。这导致公司迅速萎缩，合作越来越少，苛刻的老板最终因自己的短视而尝到了苦果。

我曾问张洪："当初那么坚决地辞职，还要跟老板打官司，不怕以后不好发展吗？"

张洪告诉我，此前很多厂商都向他伸出了橄榄枝，希望他能跳槽或合作推广，但他顾及公司利益，全部拒绝了。过去的经历让他相信，即使离开了现有平台，只要他肯努力，照样可以挣到钱。

很多人不敢表达不满，是出于对未来的担心。但我们的核心竞争力永远是我们自己，而不是平台。当我们离开了对自己有害的平台后，只要能力在，即使会经历蛰伏和低谷期，也不要担心，努力好好做事的人，永远不愁没有发展前途。

而且，即使平台当前效益不错，但若企业目光短浅，早晚也得垮台。

像张洪前老板那样的人还有很多。面对他们一味隐忍，最终结果只会是利益被不断侵蚀。永远不要指望隐忍能让他们回心转意、改过自新，并不是每一个人都能悔改。

做自由撰稿人两三年后，张洪偶然发现一位知名作家的公众号抄袭了他的文章。他私信这位作家，说明了情况，希望对方能道歉。没想到这位作家只是随意甩给张洪一个合作者微信号，让张洪去商量。

那位作家的合作者与张洪聊了一次就没了动静。一段时间后，张洪觉察不对，开始仔细搜索被抄袭的文章，竟发现那位作家的书稿里也有抄袭。

他再次联系作家,要求对方声明张洪的著作权,并支付张洪1000元稿费。让张洪郁闷的是,这次沟通也如石沉大海,没有了音信。

至此,张洪不再忍耐,他找到一位可以帮忙维权的律师朋友,走上了打官司之路。历时一年零五个月,张洪终于赢得了官司。此后,对方还想继续拖延,因张洪申请强制执行而妥协。

就这样,张洪拿到了2500元赔偿款,知名作家也公开向张洪道了歉。钱虽不多,但这是张洪守卫自己应有权益的漂亮一仗。

张洪敢于和知名作家打官司的事被传出去后,很多人佩服张洪的勇气,由此张洪也吸引了一批志同道合的朋友主动与他交往。

在生活中,很多人遇见辛苦付出被"摘桃子"、著作被抄袭、个人权益被侵害的情况时,都会选择隐忍。还有人怕被说较真、小气,因而不敢为自己讨公道。殊不知,这样做对自己百害而无一利。

张洪的故事告诉我们,在生活中,如果一个人敢于表达不满,为自己说话,不仅不会被人质疑,还会赢得尊重与信任。

敢于表达不满,意味着我们对自己的认可度很高,愿意尊重自己内心的真实感受,而不是卑微地委曲求全。一个自我认可度高的人,自然很容易被人信任,并吸引优秀者与之交往。

二、勇于表达不满,可以收获丰富人生

和很多人一样,以前的我遇事也总是忍耐。从小我就被家人教育要隐忍,大人说话不许插嘴和反驳,只能听着。这导致我在成年后,即使被人言语攻击、刻意打压,也不敢表达不满,更不知道如何回怼。

工作几年后,我过得很不开心。鼻炎、过敏性皮炎、痤疮陆续找上了门。在与医生沟通后我才知道,原来这些毛病都是长期隐忍、生闷气导致的。

医生告诉我，隐忍、生闷气首先会影响人的食欲、睡眠和消化功能，时间一长，身体的各项机能都会受到影响，抵抗力也会越来越差。那些因长期生气而患癌症的例子，都是血淋淋的教训。

听了医生的话后，我明白，自己不能再隐忍了，否则等待我的将是身体完全崩塌。

于是我开始向朋友咨询、看书，学习网上的辩论案例，看别人是如何表达不满，被人攻击时是怎样找到对方语言漏洞的。

没多久，我就遇到了一个机会。

那是个风和日丽的周末，上完研究生课程，我正准备坐地铁回家。这时同事发了一条短信，说项目做得有问题，怪我没监督好，还对我进行了人身攻击。

同事的短信犹如一盆冷水，浇到了我心头，我既生气又痛苦。项目定稿前都给同事看过，出了问题，每个人都有责任，而不是无休止地责怪我一个人。本来我还想隐忍，但想起之前下定的决心和自己这些日子的努力，最终我下定决心，反抗，从这次开始。

我该怎么做呢？对方是个伶牙俐嘴的人，打电话表达，对反应能力要求很高，没有吵架经验的我，肯定说不过她。因此，我决定发信息表达不满，这样我还能有缓冲和反应的时间。

遵循"非暴力沟通"的原则，我在信息中告诉她，她的行为对我产生了很大影响，我很难受，也很生气。工作有问题可以就事说事，但人身攻击就越位了，我要求她道歉。

这条短信发出去后，我的心怦怦跳个不停。我很激动，感觉自己像是做了一件了不起的大事；但我又有些紧张，我不知道对方会有什么样的反应,担心会影响我的工作,对方会给我穿小鞋。

但不管怎样,我知道,这件事我一定要做。

如果我不反抗,我会一直被打压攻击,而我的身体和健康将慢慢垮掉。在好好活着和被毁掉健康之间,我选择了求活。要健康地活着,我就要克服恐惧,这是我必须迈出的一步。

收到我的信息后,对方没想到一向怯弱的我敢叫板,还想让她道歉。但因为我的话有理有据,对方无法从逻辑上反驳,就暴躁地回信息质问我是不是不想干了,还说自己为了部门很辛苦,我却一点都不体谅她。

看到她的回信,我慌极了,差点像过去一样,被怼时习惯性去解释。不过,这一次我忍住了"解释"。我谨记朋友告诫我的"被人怼时不要解释,越解释越气弱"的辩论真理,既坚定又包容地告诉她,我理解她的辛苦,但大家都不容易,我也是在不舒服的情况下坚持加班工作的,她此前的行为也对我造成了伤害。

神奇的是,看到我对她表示理解后,她的怒气一下子就减弱了。她告诉我,下次不舒服要提前说出,这次她因为太着急,说得有点过分,让我不要计较。

我和她的冲突就这样化解了,此后我们相处时,她也开始收敛自己的脾气。

事实上我完全没料到,第一次反抗会这样顺利。在发信息前,我已经做好了心理建设,最坏的结果我都想到了。但是,我们的关系不仅没有因此而毁掉,反而更融洽了。

这次尝试对我来说意义重大。它让我知道,表达不满,不一定会毁掉关系，反而可能促进关系的发展。如果两个人有了矛盾都能直接表达，而不是暗自猜忌、萌生误会，那么他们的关系自然可以更和谐。

三、性格软弱，表达不满也有方法和技巧

此外，性格软弱的人，要成功表达不满，也是有方法和技巧的。

首先，在表达不满前，人需要做好心理建设，战胜心中的恐惧。我们需要明白，一味隐忍退让，不仅永远无法解决问题，还会毁掉健康。而表达不满，就是我们扭转被欺负状态的最好方法。

其次，第一次表达不满时，最好选择与自己的关系密切、性格好的人，且以短信等书面形式优先。如果碰上张洪前老板那样的人，一旦被怼得无法反驳，人的自信心也将崩塌，再也提不起反抗的勇气。之所以书面形式优先，是因为它能够给人缓冲时间，人在沟通中不会因反应不过来而陷入被动地位。

再次，表达不满时不要以"你……"的形式指责对方，而要以"事实＋我……"的形式来表达自己的感受、想法和需求。

我们表达不满，不是要与人交恶，而是希望别人能尊重我们的情绪、情感和思想。指责别人，恰恰无法达到我们想要的结果。它只会引起对方的愤怒，导致沟通无法继续进行。因此，切记不要指责。

最后，在沟通过程中，如果被人指责，千万不要解释。越解释，越显得心虚、气弱。一旦我们开始解释，就等于陷入了对方的话术中，由自己表达不满变成了别人表达不满，由主动变成了被动，变成了被对方牵着鼻子走。就像我国的外交官们，他们在面对别国恶意的评判和指责时，从来不用解释的方法去解决问题。

向人表达不满的确不易，但它又是我们成长的必要一步。只有学会表达不满，我们才能真正守护自己的健康和幸福，建立更加稳固的人际关系，实现人生的逆转。

> **作者简介**
>
> 夏甜甜，微博认证心理博主@甜甜成长疗愈。微博心理金牌答主，开微博不到1年时间阅读量超过500万。毕业于北京工业大学经管系，对外经贸大学金融硕士研究生在读。10年央媒工作经验，从编辑成长为编导、公司中层，兼职中科院心理咨询师，擅长内容宣传管理、个人成长、心理学，拥有多年疗愈经验。

习惯乐观,将父母给予的"枷锁"化为盔甲

每个人的一生都会"摔跤",或大或小,有的人自此一蹶不振,有的人起身拍拍灰土继续赶路。在正式开始探索人生时,我也摔过一跤。相比宣告破产、亲人逝世所带来的打击,我的经历不足挂齿,但对于当时的我来说,却如同一次脱胎换骨。很长一段时间,我都在抱怨为什么自己要过早地经历那些至暗时刻。可如今看来,也是因祸得福,不摔一跤我很难看到生活的千万种可能,也很难有机会让我接受并且热爱全部的自己。

一、被动领会,只能走入深渊

我的家庭很普通,自我记事起好像没经历过什么大风大浪,虽偶有磕绊但总归相亲相爱,这一点就能让我庆幸很久。在很多个围坐聊天的日子里,总逃不过一个话题——先苦后甜。当然,我只是一个倾听者,大多数都是他们为我描绘,一家人是如何努力从苦中作乐到安居乐业的。

我记得最清楚的几段都是关于母亲的,或许是被提及的次数过多,抑或是对我的冲击最大,所以最能引起我共情。我日渐长大,但模糊的画面却日渐清晰,清晰到我自己都可以描述。

记忆里,我一直以第三人称的视角目睹一位女性的人生中那些重要又难熬的时段。大雪纷飞的午后,这位女性平躺在屋里,等待腹中胎儿的降生。屋内有些冷清,可她却浑身发烫,发着体温计快检测不到的高烧,看着烛光模糊在眼前,再注视到时已如车轮般大小。她克制着身体不自主的发抖,艰难地产下那一胎。后来屋里热闹了,不过那些人在掀开襁褓确认过婴儿的性别之后,也只是冷漠又略带哂笑地起身走开。

很多年之后，她为了抚育子女而辞去了工作，日子在柴米油盐和唠叨中飞逝，可能是作为回报，子女最终都如愿地实现了独立。

也就是因为这些故事，这些间接的记忆，我一直对母亲和家庭心怀感激，不过有的时候我也会受其影响：我不愿意做让他们伤心的事，可如果让他们伤心的事是我喜欢的事呢？我感恩着，纠结着，也为难着。时间长了，一面对此类问题，我的纠结便会被感恩挟持，最终变成自责。

后来，我一心投入到学业中，但那颗被忽略的种子却在不知不觉中生根、成形。虽然看很多人回忆往事时都在感叹年少时光多么无忧，青春岁月多么明媚，但我可能是落在成群结队的伙伴后面，看他们有说有笑的那一个。彼时我的头脑里没装太多学习之外的东西，所以很容易冲动，也很容易被带着走。

幸运的是我跨过了大考的门槛，可惜倒在了一次失败恋情的阴影下。以前那个我纠结过的问题又一次出现，不过这次因为不受管控，追求自我的想法日渐强烈，我毅然交往了一个不会被父母接受的男朋友。原本的我沉浸在"舍身"为爱的自我感动和双方描绘的理想未来里，可后来所谓的男朋友收拾东西走人了。恋情刚开始的时候，我不会料到将来的自己会这么难舍难分，以至于一个月的时间暴瘦十几斤，不是觉得没人要了就是觉得世界塌了。

从小的感恩教育和高于常人的共情能力，使得我经常自责是不是自己哪里对不起人家。而恰好，男朋友又天生有些表演性情绪，会将自己摆在弱势地位，不断索求我的怜悯和愧疚之心来满足他的不安全感。在这样的思想浸透下，我认为自己改变了别人的一生，我只会索要，不会付出。直到男朋友消失，我的自罪感、自我怀疑和自我否定达到了极点。我没办法告诉家人，也没办法和这些情绪作对。

终于，成形的树开了花，结出了抑郁的果。倒不是说男朋友将我推向了泥潭，而是他路过时顺带给树浇了水。

二、认识自我，选择可以相信的观念

和所有被这梦魇缠住的人一样，每天睡醒，我迎来的不是复苏，而是无尽的下坠。今天自我忏悔，明天想要解脱，后天躲着人群泪流满面。最后，家里人还是知道了。最初当然是我最不愿面对的解释，这么多年来，我一直避讳所有能引起争议的话题，为了不让他们难过，也为了不去接受会加重我自责的原谅。不过解释过后，我得到了"什么都别说，我们都在，什么都没有你重新站起来重要"。

我很难再去回想那段时间思考问题的方式。就算后来在家人的关爱下我摆脱了失恋的阴影，但我依旧没能放弃那些黑暗的念头。

又是在别人熟睡的深夜，我盯着天花板，检讨着自己到底有没有资格得到这些让我"窒息"的爱，到底怎么像以前一样完成吃饭、喝水这些小事，怎么再去觉得未来可期。

我无限放大了自己的阴暗面，也开始怪罪家人为什么一直在教我懂事和不给别人添麻烦，怪罪长辈为什么不多奋斗几年，好让我在情绪失控的时候能通过挥霍来得到缓解。可转眼我又意识到：哦，不！我为什么会怪罪别人，怪罪为我付出的人……

除那些无厘头的念头外，我也开始尝试探求我被情绪控制的原因。我不再关注哪对艺人今天出了绯闻，哪个视频里的男人更好看。我开始没日没夜地品味别人的文章，那些关于职场经验、人生感悟、女性独立以及以前不会关注的政治经济的文字让我上瘾。我欣赏着每一位专攻术业、思想超前、有所成就的人，也在无数条信息里渴望找到我的解药。

我也要感谢药物的辅助，让我能渐渐恢复不极端也不冒进的状态。我花了很久的时间纠正自己，找回自己甚至塑造新的自己。

一日和朋友聊天，他问我对自己的家庭有什么看法。我不假思索地回答他，我会感激家人所有的付出，不会怨恨他们没有给到的精神和物质帮助。也就在说出来的那一刻，我才明确了自己的想法。哪个人，哪个家庭是十全十美的呢？

对于我而言，我在没能学会自主思考的阶段，接受了太多别人的观念。女孩子要懂事，以后要以自己的家庭为重；不能随便接受别人的东西，要多照顾别人的感受；人过一生差不多就行了，不要活得太明白……我要承认，除被外界影响外，我也没能好好爱自己。

我无法接受自己的情绪，接受自己的缺点；我未曾想过什么是爱人先爱己，怎样不被情绪控制；我没有探索自己的价值和可能，并且让悲欢离合惊起了我心底的惊涛骇浪，不断影响我的现实生活，以至于让我停下了前进的脚步。

现在，没有了负面情绪的影响，我又能感受到生活充满生机了，而且我比以前多了一种想要珍惜和不负美好的决心。虽然相对阴郁的那些日子，我又放大了正面的东西，但因为我有过自己努力寻找真相、寻找自我的经历，所以不怕矫枉过正，也不怕再次回到单纯又片面的状态。我接受了那些被动领会的瓦解，也脱离了旧式思维，建立了新的价值体系和思考方式。

我还发现了我寻觅已久的"追求自我"的内涵，这实在是一种惊喜。追求自我不是偷偷地多打几个耳洞，也不是违背父母的意愿，而是能够自己选择可以相信的观念，能够稳定心态并去实现可能。

我摔了一个小跟头，又被搀扶着站了起来，我下定决心不再摔倒在这条坑坑洼洼的路上，然后受伤流泪。所以我擦去了灰暗的背景，重新画了一座游乐场。我相信，就算下次再跌倒，我也能在欢笑声和霓虹灯中自己爬起来，因为灰暗的道路没有尽头，但眼花缭乱的游乐场里有我心动和想体验的项目。

> **作者简介**
>
> 　　雷晓雪，就读于陕西师范大学英语专业，擅长语言、外语教学、英文辩论、情绪管理等领域。曾利用一年时间战胜抑郁症。经营教育等相关领域的微博，发表过多篇原创博文，月浏览过万。

与父母和解，并不是每个女孩都要过同样的生活

网络上有这样一句话，童年不幸福的人一辈子都在治愈童年。其实我们本可以与父母很好地和解，但是因为被潜意识中的这句话影响，所以觉得和解是一件很痛苦、很困难的事情。

所有的症结都在于，我们要先发觉自己内心的真正需求是什么，以及学习如何自愈。如果不能好好地与自己相处，那么与别人沟通的问题就会从小事变成大事，然后一发不可收拾。

和解的定义并不是说要立刻与父母的关系变得非常融洽亲近，而是先让自己不再陷入与父母糟糕的关系中，不要无谓地消耗自己的情绪。由此可见，情绪的管理能力，也是和解中的必修课。

一、通过理解，提高自己与父母和解的可能性

我与父母一同生活了 30 余年，作为女孩子，除工作需求要背井离乡外，婚前大部分时间面临的情况都是如此。而在多年的相处生活中，矛盾、冲突、和解，再矛盾、再冲突，反复循环。

尤其是从 22 岁，一个父母眼中的适婚年龄的开始，一场名为《相亲奇遇记》的电影拉开序幕。

20 多岁时的矛盾是，家人介绍相亲的对象，为什么不能好好地相处，或者为什么没有把终身大事当作人生规划执行。到 30 多岁时，冲突是父母的年龄渐长，但在他们心里，我们未来没有人可以相依，可能无法照顾自己。

现在回想起来，我们每次争吵的那些问题，背后其实隐藏得更多，我羞于表达真正的需求，觉得父母不会理解，所以选择不说。而父母就是着急眼下问题，也没有问我为什么，总希望我按照他们给的路去走。"为我好"

这三个字是他们潜意识里最正确的选择。

单从相亲这件事来说,我第一次接触时的感觉是羞愧,觉得是很丢人的一件事,所以应对的情绪就是负面的。并且,我从来没有好好想清楚,自己的择偶条件是什么样的,传达给父母的也是模糊的概念,所以他们以自认为适合我条件,去筛选身边亲朋好友介绍来的人。由于他们心中的婚姻概念还尚存旧时代的标准,自然与我的想法背道而驰。

碍于面子,我应邀去了一些大型尴尬现场,成为一名假笑女孩。

从 24 岁开始,我迷上了韩语。当时学韩语的理由是,如果遇见"爱豆",见面总不能只傻乎乎地对笑吧?为了学到真正的"韩语",我找了一位韩国人做我的老师,但是她要求有 20 个人才能开班。

那时候我冲劲十足,答应了那位韩国人的要求,召集了 50 个人,组成了一个晚上与周末开展的学习班。结果学习时我发现,这位韩语老师带着浓浓的口音,就像是隔壁省的普通话一样,甚是尴尬。不过我因为长期会听看韩国的综艺节目,所以很快自己纠正了发音问题。

虽然只学习了三个月,但长期的听看形成了一种"语言环境",甚至我走在马路上的时候还经常出现幻听,觉得身边的人都在说韩文。很快我就通过了等级考试,也收获了一批韩语爱好者,想跟着我学习。当时我灵光一闪,选择了边吸收边输出的模式,不仅让韩语教学成为副业,还误打误撞,与韩语学院的院长相识,被邀请去给韩国人上中文课。

语言学习也打通了我更多的思维模式,在经历了很多尴尬的相亲局面后,我觉得,自己不能被迫陷于那种束缚及内耗的局面。于是我打算攒钱出国进修语言,提升自己。初步计划是前往我一直向往的韩国,但在当时父母的认知中,国外是一条远征之路,他们从未涉足,更别说让女孩子一个人远赴。

国外的形势也是超出他们的认知范围，一个"乱"字就覆盖了他们所有的恐惧。所以我从一名假笑女孩到叛逆女孩，又陷入一场火星交流。父母只是觉得我的叛逆期比普通女孩来得晚一些，但他们不知道，这只是我心中压抑许久的念头被触发了而已，一时家庭矛盾火花四溅。

最后我实在没办法，想着退一步，踏出国门去旅行试探一番。当时我妈妈也非常有意思，她以为我们谈判破裂，对我说的去旅行一周持有怀疑的态度。在我想取出户口簿办理签证时，她淡淡地告知我：丢了。

当时我非常无奈，只有好言好语地保证，终于为自己争取到一次出国的机会。到后来，他们也看到了我很安全地往返，建立了信任机制，也为我之后长期出国之举，开启了正面循环。

为了学习语言，我很珍惜每次出国的机会，总会逼着自己去"瞎说"，还特别喜欢在街头、餐厅、公园、超市听韩国当地人的对话，也会与出租车司机尬聊一通。当地的出租车司机基本都是大叔，大部分都比较热情，我们会聊彼此的经历，还有为什么年轻人特别喜欢长腿欧巴的故事。

去韩国的次数多了，还经常遇到韩国人向我问路。当时对于首尔错综复杂的地铁线，我的确比有些当地人还熟悉，这也是我觉得小有成就的一部分。

二、通过交流充实自己，与父母和解

过去我生活在传统的原生家庭的束缚中，父母的愿望是，我只要有一份稳定的工作，找个稳定的人结婚，这就完事了。所以那段反复循环的出国经历，就像鱼儿偶尔呼吸到新鲜空气，我持续了很久。

我是一个比较晚熟的人，还是大龄单身女青年的代表。除跟普通女生一样喜爱美食与旅行外，我还有一个特别大胆的爱好——喜欢潜水运动，跌破了许多看着我长大的长辈们的眼镜。

潜水这项极限运动，早已超出我父母的认知范围，危险系数也远远高于他们认知的安全范围，再加上我这个大龄的身份，我受到父母的层层阻碍。但是我的坚持为我的人生迎来了改变的第一步，我觉得每个女孩都应该有不同的生活。我的倔强为我的身份加冕了一个小皇冠，我成了一名潜水专业人士，虽然结果值得骄傲，但过程也很曲折。

还记得四年前抵达潜水学校，居住的地方虽然在度假村的后面，但由于比较偏僻，还曾被网络上一些形形色色的文章描述过。我当时真有些害怕，怕遇到传说中的"牛鬼蛇神"，在担惊受怕中辗转反侧，度过了人生中较为漫长的一个夜晚。

我曾自认为性格偏外向，远赴国外独居生活的时候我才发现，我完全内向了。虽然有很多来自五湖四海的中国同学，但是没有说心里话的人。为了让父母放心，每次视频通话的时候，我都会倔强地说："我很好，没事，你们放心。"其实挂了电话，我一点都不好，也真正体会到了"在家事事好，出门万事难"。

当然，退缩不是我的本性，那段时间是我人生中社交能力成长的重要节点，因为生性直率，很快我就获取了度假村老板的信任，且得到了一份新的工作机会，开始与形形色色的游客接触。在我的理解里，有人的地方就似一个江湖，人心叵测，哪怕是一点小事情，在这个没有秘密的地方，也会被很快地渲染，而我就像一只小船，在海浪中颠簸。

当自己的眼界与认知不断被打破的时候，也是一个人的成长爆发期，我开始渐渐地理解父母的担忧和各自所处位置的艰难，以及社会舆论的压力给人带来的焦虑不安。后来我选择回到父母的身边，与他们好好地交流这些年在外的收获。

我想，那时候我不仅是在与他们交流、和解多年来的矛盾点，而更多的是与自己和解，接纳过去的不成熟，以及原生家庭给我带来的一些禁锢。现在的我越来越能以轻松的心态面对父母，与父母聊天，而父母也开始愿意倾听我最真实的想法。

如果时间倒流，我想我还是会选择踏出舒适圈，寻找自己真正想要的生活，哪怕是孤独的、充满荆棘的。因为只有那样，我才有成长。

与父母和解，也没有那么不可思议，只要勇敢地将自己的想法和选择向他们正面表达，并坚持自己正确的方向，也许，我们都可以过不一样的生活。

作者简介

李多薇，微博认证情感博主@李多薇。曾任知名互联网公司新媒体运营总监，国内外职场经历达十年以上。擅长解决领域：创造吸引力，修复亲密关系，女性自我成长。解答咨询个案1000+，拥有大量原创博文，博客访问量达百万人次。

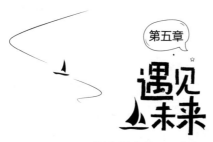

第五章 遇见未来

开启不疲惫、不焦虑的人生

提升运气值，善用过往经历，拒绝负能量，平衡工作与生活，主动出击获得机会，不为自己定性，养成赚钱思维，理性决策，提高解决问题的能力，升级认知，一个个看似难搞的职场问题，听听他们怎么说。

提升运气值，让你的人生开挂

有一个人非绘画相关专业出身，自学动画软件，成功进入某知名动画公司，并参与制作了多部知名系列动画片，你觉得她运气是不是特别好？

还是这个人，参加动画或设计比赛，还有服装搭配比赛，能够经常获奖，你觉得她运气是不是特别好？

没错，这个人就是我。

喜欢绘画但非美术专业出身，自学动画、进入动画公司、参加相关比赛并多次获奖、成立自己的动画公司、开设自己的绘画和动画课程，作为一名"学渣"，能够拥有这些意料之外的收获，我认为主要是因为我的运气，并且我为此感到庆幸。

实力和努力，我相信很多人都有。除此以外，获得自己想要的结果还需要什么呢？我觉得是运气。

也许有的人认为运气是一种模糊、不可控制、不劳而获的概念。而我认为，把运气拆解，用有效的方法把握机会，提高概率，获得比期望的更好的结果，就能够让运气持续。

如果你总觉得自己运气不好，排的队永远是最长的，做事总是功亏一篑，谈恋爱总是遇到"人渣"……运气不好似乎总跟负面情绪纠缠不清，那就让先来看下如何提升运气值吧。希望我的方法对你有帮助。

一、提升运气要相信你的运气

如果相信自己有好运气，相信自己的选择是对的，相信自己能够承担最坏的后果，那么你就能全力以赴，力量也会变得更强大，结果也会出乎你的想象。

紧张和焦虑的人不相信运气，因为他们总是害怕把事情搞砸，害怕面对坏的结果。于是他们不断纠结、反复，最终把精力都花在了内耗上，原有的好运气也都消耗光了。

也许你会说："我就是运气不好呀，什么都不会，什么都没有，我不相信我有好运气，不相信能够获得自己想要的。"

拿我来举例，学历不高，画画和动画都是自学的，竟可以开设自己的绘画课程。这个过程就是"无中生有"的过程，零基础、非专业并没有限制我，反而成为我的经验，令我创造出新的价值，帮助我将坏运气转化为好运气。

不要让"不相信"限制你，相信就是一颗种子，它会结出你意想不到的果实。

有句话说得好，大多数人至死不曾发挥自己的能力，他们生时带来万贯财富，却一贫如洗地过完一生。当你相信自己时，你就会发现自己的财富。

二、提升运气要拆解你的思维

相信自己的运气，敢于面对问题，接下来需要看你对待问题时的拆解能力。

很多时候"坏运气"让事情不顺利，让计划总出差错，而提高成功率的关键在于把控问题核心。

我曾多次参加动画、设计比赛以及人才济济的网络比赛，面对众多个人或团队的美术专业的选手，我用拆解问题的能力获得了金奖、银奖，再不济也是入围奖。

面对每次比赛，我认真分析自己面对的局势：我只是孤身一人，硬技术比不了专业和团队选手，我必须用出其不意的想法，让评委在众多作品中对我的印象深刻。我还要分析每个比赛评委的评选重点是什么，什么样的作品是主办方想要的，可以方便主办方展示和宣传。

参加第三届全国 FLASH 创作大奖赛时，我报名公益篇比赛，是用拟人化的创意设计动画，将受伤的小猫用小女孩的角度来讲故事，最终打动了观众和评委，获得金奖。

厦门城隍文化节设计大赛是以传统神话人物为主题，我让传说中的神话人物过起朝九晚五的生活，如同生活在我们身边。作品以新颖的切入点获得了金奖。我不仅拿到了 5000 元奖金，还上了《厦门日报》的一页专版。

关注人数众多的天涯论坛的搭配比赛，我结合自己的优势，绘画卡通人物与真人照片结合，结果出乎意料获得第一名。

拆解思维，就是把大拆成小，把多拆成少，把难拆成易，运气也会随之而来。

三、提升运气要接受时代变化

心理学家魏斯曼进行过一个运气测试。

每个参与者都拿一份报纸，查看其中一共有多少张照片。有人花了 2 分钟去数照片，而幸运者只花了几秒钟。

为什么呢？因为报纸的第二版上有这样一条信息："不要数了，这份报纸中总共有 43 张照片。"

幸运的人发现了它，普通人漏掉了它。更有趣的是，还有一条占了报纸半版的信息提醒："别数了，告诉测试者你已经看到这条信息并赢得了 250 美元。"就这样，忙着数照片的人错过了这些运气。

这个测试告诉我们，不要只盯着手里的一件事，而是要走出去，开阔眼界、欣赏艺术，阅读别人的故事，提升对信息的抓取能力，以及对价值的筛选能力。

如果我没有从一本FLASH教程书开始自学动画，就发现不了动画的新世界，也就没有了后来的故事。

动画师是技术岗位，要提高技术，就要不断地了解新技术，接受软件更新的环境变化，再从中筛选适合解决项目问题的工具，从而提高效率。这是一种技术思维，仅限于此是不够的。因为这样最多是成为有用的"工具人"而已，我更希望自己是富有创造力的，不仅是创造作品，更是创造自己的人生。

除自己闷头做动画之外，我怎么才能发现更多的自我呢？在这个网络时代，我能不能把影响力扩大呢？

我开始尝试把自己零基础学绘画的经验转化成课程，学员的实践成果让我欣喜，然后我又开发了表情包动画课程，让学员相信自己能够从零开始，接受成长的变化。

当今时代，变化就是最大的价值。网络、智能手机、AI等与生活密切相关的科技不断更新，一个新的变化就等于发现一个新果园，低垂的运气果实等着你伸手采摘，你要做的是看到变化、接受变化。

放下一成不变的生活和旧观念，新的机遇和运气就能到来。如同马太效应，你的运气会吸引越来越多的好事，运气会不断累积。幸运地成为第一名的人有更多的机会继续保持第一，因为资源总是向头部汇聚。

比赛获得金奖后，我马上被公司提升为创意总监，这让我有机会尝试更多的项目，提升综合能力。之后我独立创业，接触了更广阔的市场，头脑思维也在不断升级。

是的，运气一环扣一环，不断给予我积极的正反馈，同时机会更多，也让运气有更大的概率落地。

生活中，必然有人会遇到一些看似极不可能发生的幸运事儿，这个人为什么不可能是你呢？

相信自己拥有好运气，相信付出就会有回报，建立积极的吸引法则；接受新的环境变化，主动挖掘自己的变化，等待运气到来；运气会累积，会有正反馈，会让你一次次获得新的收获。如果你掌握了这个循环，就能不断提升自己的运气值。

拥有运气，从容乐观、不焦虑地做事，真诚对待身边的人，世界也会回报给你善意。

作者简介

林小清，微博@小青小青呀。5年独立动画师经验，为多家知名企业、政府、学校等单位设计制作动画片、表情包及卡通形象，个人表情包设计在微信平台总发送量达30万。曾获第三届全国Flash创作大奖赛公益篇金奖、厦门城隍文化节设计大赛金奖、全国法制宣传公益广告创意奖第一名等奖项。

经历都是天意，坚持获得幸运

每个周末中 16 个小时，一批一批学生匆忙进出教室。如果用 X 光照亮整个教室，每个班级十几个学生的骨架结构均有差异，我作为一名专业的语音矫正师，就是通过声音的所有细节，用耳朵"看透"每个学生的口腔结构、唇齿运行状态、母语发音习惯，并逐一进行细微的个性化调整，让每一个学生离开教室前，都能信心十足地说出发音标准的英语。

"英语"是伴随我 20 年的个人标签。18 岁前，我被周围的叔叔、阿姨、同学、各年级英语老师不停地询问："你的英语怎么学的？"18 岁后，我被同行、家长、朋友问："英语怎么教的？"

小时候我幻想过无数种职业，却没有预想到今天的状况，会在一个全新的领域摸爬滚打。但是回头想想，童年的每一次重要经历，都为今天的职业做好了不为人知的铺垫。

一、童年在剧组拍戏的经历

某年"六·一"，我在声乐演出排练后，和一群女生在活动现场疯跑，满头大汗的我被一只神秘的手果断拦下。一位高颜值的阿姨提出要见我的家长，这便成了我进剧组参与电视剧及商业广告拍摄的开端。

在剧组的日子我超乎寻常的开心，和一群平时在屏幕黄金档里出现的叔叔、阿姨、爷爷、奶奶突然成了一家人，在特殊的年代背景下，说着写好的心里话。

眼睛肿了，拿米饭粒伪造双眼皮；根据角色需要装过聋作过哑；在几台消防车的人工雨助攻下，演绎过大型母女情感爆发瞬间；也在凌晨收工时狼吞虎咽了作为道具的饺子。每天手捧厚厚的台词本，梳着符合剧组年代感的麻花辫,穿着剧组定制的小花布衣裳,以小碎步穿梭于各个场景。

无论是演员还是剧务,大家都是有趣的,语言中随意透露出的修辞和幽默,加上剧组中的人都是高颜值,让人分不清是戏内台词还是日常聊天。大家也是敬业的,这对一个年仅6岁、只听老师说过"认真听讲"的孩子具有强大的感官冲击力。

后来因为参演的电视剧在当地引起不小反响,广告商家不时地打来电话邀约,不是很修长的身材也收到了模特公司的邀请,还领唱了《七子之歌》其中一歌并拍摄了MTV。

相比唱歌,拍戏更能触及灵魂,更多的收获是和业内专家、优秀的从业人员共事时零差错的态度,以及即学即用的快速反应能力和配合能力,一切都和学校有着完全不同的运行节奏。相比在学校努力学习,在剧组的努力更实在一些。拍摄间隙,导演、摄像、白玉兰金鸡奖最佳男女主角时不时灌下的高浓度心灵鸡汤,和大方分享的职业经历,都是我留用至今的宝藏。

但是在收到某家喻户晓的国家一级演员发来的长期剧组邀约时,家里人犹豫了。家长认为儿童纯真本色的出镜不能算是表演,在镜头前生活不是可持续的长远发展之路。不过,短暂的剧组生活却在无形中为我下一个人生阶段积累了经验。

二、小学担任主持人的经历

某年时任国务院总理朱镕基先生将要抵达我市检查工作,作为该市重点小学的"著名"学生,校长报上了我的名字。演出当晚因为表现出色,意外成为晚会的亮点,被市政府外办看好。为此,长达数年地为省市政府主持外事活动的经历由此展开,这也成为我文化程度飞速上升的转折点。

在微博还没有诞生、信息相对闭塞的年代，第一次进入金碧辉煌的彩排现场对我的冲击力不亚于当年的剧组体验。第一次参加的活动是迎接亚洲某国总理，各类肤色的人均西装笔挺，严肃迅速接洽每个活动细节。对全球化还没有任何概念的 9 岁女孩受到了听觉上的巨大刺激——英语是全场主要工作语言。

在年份刚刚以 2 开头的年代，绘本、网上一对一外教、英语素养培训，是科幻小说都没有预测到的关键词。

校内英语学习和政府外事活动中的英语交流形成了天壤之别，英语成绩原稳居班级倒数的我，决定用一种全新的方法，开启英语学习之旅。应试学习完全不在我的目标范围之内，双语主持的基本功就是口语，并且面对国家元首、外交部官员，浓厚的中式口音也是绝对拿不出手的。

所以从决定学英语的第一天起，我就要求自己只有拥有了"英语绝对音准"才出口，任何中式口音、错误发音，都要消灭在萌芽之中。不以考试、考级为目的应用技能学习和对学习结果以最高行业标准要求，成为打碎思维框架、转变人生道路的强大推动力。

密集学习一年后，在外事活动的舞台上我开始用全英文主持，获得和专业演员一样的政府活动补贴，课内英语成绩也在不经意间完成了倒数到英语课代表的一字马式跳跃。还曾跟随省政府"出差"到深圳，与国内优秀艺术家、奥运冠军共同登台，被国内多家纸媒报道。出色完成演出任务后，家长出面谢绝一切活动邀请，决心让我回归正常生活，让我放下一切，安静成长。

三、初中出国比赛的经历

2006 年，德国 FIFA 世界杯开赛在即，一条突然发布的消息打破了按部就班的宁静：赞助商可口可乐公司将在全国海选 6 名 13~16 岁青少年，赴德国世界杯现场为球队护旗。选拔过程分为体能测试、笔试、英语口语问答、中文即兴演讲、才艺展示、足球常识问答、现场足球解说等三级晋级环节。在大连这样一个以足球闻名、拥有众多球队球迷的城市，选拔赛的竞争激烈度可想而知。

体能测试当天我发高烧，可是凭借多年在片场和外事活动中培养出来的"职业"习惯，原本班级体育成绩倒数的我，在压力下突然被神秘力量附体。往返跑、跳绳等各个环节拼到两眼模糊、失去意识，当裁判看到成绩后态度温和了很多。

为突破足球常识零基础，我使用了最让人安心的题海战术。新华书店、百度搜索，十几本书、几百页资料摞在书桌前，剧组表演和主持活动的经历练就的快速学习能力及高速记忆力被再度激发。

长达一个月的赛程，最终在报名的 300 名选手中我以第一名晋级决赛，又以四项环节全部最高分的成绩成为决赛第一名。

一个月后，我和其他五名护旗手飞往德国法兰克福，在现场 4 万欧洲球迷的人浪与共鸣腔式的呐喊中，身穿阿迪达斯德国本土版、吊牌印有自己姓名的五件套工作服，与球员劳尔、卡西利亚斯、托雷斯一起，从休息室走向了凯泽斯劳滕球场。我以"工作人员"的身份参与到无限热情的世界级体育赛事中，接受了中外一百多家媒体的采访。

四、成就人生：将经历变成职业

从少年宫，到剧组片场，到政府活动，再到世界杯赛场，每一次参加活动的准备工作紧张充实，过程精彩快乐。但是卸妆后，突如其来的安静和放松会带来莫名的迷茫。毕竟活动不等同于职业，对于未来这个未知的揭秘过程，不会因为经历的丰富而加速，但可以为揭秘过程提供了更多的解题思路。

18岁时我收入了第一个弟子，一年后把他送进英语演讲比赛赛场。整个教学过程没有参考任何机构或任何同行的经验和成果，专注于闭门造车，对于比赛成绩连个大概都猜不出来。最终大弟子一路冲到北京的全国总决赛。

决赛当天，突然在家坐不住的我决定去宜家家居散心，手里推着空空的叮叮咣咣响的大型购物车，耳朵在商场的宣传广播中时刻留意着自己手机的铃声。秒接电话后，大弟子妈妈哽咽地报来喜讯——全国总决赛冠军，发音、表达震惊了由北京各大高校英语系教授组成的评委团，并且自由问答环节的题目数量临时翻倍。下台后，大弟子的妈妈被询问学习方法的全国参赛选手的家长围得水泄不通。

那是截止到当时18年的人生中，我心里最踏实的一瞬间。无数名人演讲都强调的两个问题：你喜欢做什么，你擅长做什么，在接到大弟子喜讯的一瞬间被公布了答案。后来回想，教学其实就是所有经历的汇总，合唱团的声乐知识，为主持而自学英语的心得，剧组敬业死磕的职业修养，世界杯护旗手夏令营的视野，统统成为教学过程中的核心竞争力。

童年成长期收获接二连三的运气，每个机会都弥足珍贵，激励我持久深耕一项行业技能。中途会迷茫，半路想放弃，人生也没有"早知道就……"的重启键，只有努力才是善待突如其来的天意的最佳守护方案。

作者简介

江先生，微博博主@语音矫正师，毕业于复旦大学。中国第一代专业英语语音矫正师，英语教材教辅配音员，essay写作、英文演讲教练，获得英语语音矫正专利著作权。专业领域深耕十年，数十次被评为国家级、省市级英语赛事优秀指导教师。培养出4名全国英语演讲比赛冠军，包括全国最高级别赛事最高奖项CCTV"希望之星"英语风采大赛全国总决赛一等奖。多位学生被英国牛津大学、美国加州大学等名校录取。

拒绝负能量，好心态才有好运气

一、面对变化放平心态，拒绝负能量

年前得几日空闲，我便独自去西藏旅游，沿着拉林公路，从低海拔的林芝到了海拔更高的拉萨。冬日藏区昼夜温差大，我有点"感冒"，到拉萨的那个下午，便开始全身无力，鼻甲肿胀，胃部非常不舒服，恍惚间觉得吐出的痰都是粉红色的。从卧室走到卫生间都得靠着墙慢慢挪过去，我害怕极了。

我一边用力吸着前台送来的小罐氧气，一边脑中飞快回想各种影视文学作品中处理高原反应的情节。越想越害怕，觉得拉萨非常不适合我，我想要改签机票早点回去。

我在途中认识了一位刚从旅游学院毕业的藏族朋友，名叫扎西次仁，他想和同学一起带我逛逛拉萨。我像抓到救命稻草一样，和扎西描述了我当时的情况。听了症状后扎西说："这是很正常的反应，请相信我，如果没有基础病，这些反应并不是真实的，请别多想。不要因为外在的变化，环境的变化，就去想一些不好的事情，要保持平常心。"

其实当时我并不理解他所谓的"平常心"，心想既来之，则安之，便刻意让自己不要瞎想。当我因不舒服而不由自主思想跑偏时，就尝试把自己拉回来，这样来来回回，竟然半梦半醒地睡着了。第二天清晨醒来，发觉似乎比昨夜要好一些，为了恢复体力，早餐又饱饱地吃了一顿。

临近中午，当日光之城拉萨开始散发它的魅力时，我果然又恢复许多。昨日胡思乱想的种种窘境，什么都没有发生，并且我还幸运地收获一位好朋友，这比什么都珍贵。这也是我第一次觉得，保持平常心竟可以这样用。

虽然这只是一段小插曲，但于我而言，负能量的最大问题是想太多，想太多便容易焦虑，越焦虑越难做出正确的判断，越难以展开行动，而我有幸被一位年轻有信仰的小伙子一句话点醒。精神上苦苦寻求的，在切身的感知下，找到了答案。

相信大多数朋友都有过同样的经历，深更半夜觉得自己不舒服，就会不自觉地去网上搜索。不搜不知道，一搜吓一跳，并且大部分人会越搜越害怕，会用各种症状和自己的身体对号入座，越搜越觉得"我命由天不由己"。

因此，面对变化，首先要拒绝脑海中过多的负面演绎，只有放平心态，才能够把自己从悬崖边拽回来。

二、定期断舍离，打造积极向上的朋友圈

朋友小 A 毕业后在某体制内打杂，干一些看似忙碌但没有绩点的工作。每次见她，还没说话就能感受到她满满的吐槽欲："工作不愉快""吃力不讨好""跟我一起入职的小姑娘升职了，你看吧，体制内就是这些关系户的天下……"

我们问她，既然工作上升职无望且索然无味，为什么不去找些自己想做的事呢？

她回答："据说在企业很累，中午没有午休，还要频繁地加班……"

一旦她开始陷入自己的思考逻辑，就再也拉不回来了。一来二去，朋友聚会就很少喊她一起了，毕竟大家平时忙于工作，偶尔聚在一起，也希望能有新鲜有趣或者积极向上的能量互相交换。

细想来，杨绛先生曾说："你的问题是，读书太少，而想得太多。"在生活中，"想太多"这一问题也处处得以体现。

看看招聘网站上冗长的任职要求，求职者往往忐忑，再具体检索下，心劲儿弱得会陷入不断否定自己的漩涡中，觉得自己这也不符，那也不符，最终连简历都没敢投。想得多且不停地自我否定就容易失去获得一切好运的可能性。如此循环，长久的负能量堆积，整个人的气质也就变得畏首畏尾，甚至有些许猥琐。

去断舍离，拒绝所谓的闺蜜连续向你倒苦水，拒绝抑郁倾向的朋友试图将你拉进黑洞，鼓励他走出家门，去咨询专业的医生，才是真正有效的帮助。

若要成长，便要跨过沟壑。这沟壑不是指原生家庭的贫穷或富裕，不是指你所在生活圈的东长西短。而是像绑在脚上，让你每每想要起跳，就把你往下坠的石头。例如，三姑六婆的麻缠事儿，父母的过度情感捆绑，总是卖惨的朋友。

三、保持好心态，远离负能量磁场

我曾经营过一家茶馆，有些顾客还未进门我就已经能够感知他状态何如，有的人即便坐在浪漫的灯光下，头顶也像是有乌云笼罩。不同的客人，带进店里的能量场也大不同。

有的活泼热情，不一会儿店里就招来很多客人，闹闹哄哄，场子很热。有的人像是头顶有块巨石，能量场很呆板、很压抑，往往待得越久，店里越冷清。

还有虚拟世界的负能量，细细看去，这些账号的主页大多纠结、压抑、混乱，像极了一句话："你的脸就是你的人生。"社交主页确也反映了其内心的状况。

商业上遇到问题再正常不过，若是只能顺风顺水获取现金流，那么用网友的话说就是，凭运气挣到钱，总有一天你会凭实力亏光。石头缝里也能生长出洁白、饱满的雪莲花,那在指缝里找机遇,你也可以。

四、定时清空负能量,化挑战为机遇

汪涵曾说:"若是哪一天发现舞台上有点不对劲,如今天灯光有问题,音响有问题,就在内心赶紧告诉自己,机会来了!"

为什么他不是说"这下糟了,一会儿没主持好,肯定是灯光、音响干扰了我",而是说"机会来了"呢?

因为他把现场可能出现的每个问题,都当作一次能够精进的临场发挥的机会。由此可见,汪涵在湖南卫视的"江湖地位",是一场一场睿智、幽默的主持,一场一场巧妙化解危机的福报挣来的。

要学会对负能量说"不",学会把自己从不良的氛围里剥离出来,莫让旁人的负能量把你拉进他的深渊。

先让心态回归到平常,再去强化、训练更好的心态。要做小太阳,自己努力发光,并希望也能点亮身边朋友的梦想。

去和那些充满活力与干劲,对新事物保持开放态度的人交往。去欣赏清晨的薄雾,夜晚的灯火,手头的工作。

阳光积极,好运自然来。

作者简介

段晋辉,微博认证教育博主@不夜城馆长,理工科硕士,两度创业经历,不夜城中开过店,科学院里读过书。爱好喝茶,所以开过茶馆,3年创业经历,终身学习倡导者,喜欢亲近自然,热爱读书,科学艺术探索者。

平衡事业与生活，获得简单小幸福

周六晚上九点半，周围很安静，整栋楼似乎只剩下我敲打键盘的声音。下一季度的运营方案正一字一字地显示在我的电脑屏幕上，我已经不记得这是第几个加班的夜晚。我揉了揉干涩的眼睛，把电脑关上，准备回家休息。

我经常以"深夜加班是电商人的常态"为理由来安慰自己，觉得自己的生活只能这样，没办法改变。家距离公司只有200米，刷两三个抖音视频的工夫就到了宿舍。但我格外珍惜路上的这几分钟时间，静静地认真走路，感受落叶被脚踩碎后发出的喳喳声。路边的餐馆都关了门，广州的夜空也很少能看到星星，只有昏黄的路灯在努力地散发着光芒。我一步一步在空旷的路上走着，灯把我的影子照得好长。

我来这家服装公司已经三年有余，公司主要经营服装类目，集研发、生产与销售于一体。我刚到公司的时候只负责运营公司的1688店铺，但入职以来，我都以主人翁的心态去做每一件事情，大大小小的事情都去操心。

一年后，我成为公司的项目合伙人，肩上的责任也重了很多。生产、销售和人事的工作需要我负责安排，公司的业务也更加多元化。老板总说我是公司的顶梁柱，我也把这顶重重的帽子牢牢地戴上。终于有一天，我感觉自己被掏空了。

在我"9990"（朝九晚九，连续上班90天）后的一天早上，我像往常一样打开电脑查看店铺的生意参谋。突然电脑上的文字像波浪一样晃动，我使劲摇了摇头，感觉脑袋像挂了块大砖头一样沉重，抬不起来。

我犹豫许久后决定去医院，检查后我才发现，自己已经发烧到了40度。在就诊的过程中，我还在忙碌着用微信回复客户信息，各部门也接二连三打电话来沟通工作。在这一刻，有一个问题不断在我脑海里回荡：这就是我想要的生活吗？

  我挂着降烧吊瓶，看着药水一滴一滴进入我的身体。它更像清洁剂一样，净化了我的内心，让我看见清眼下的路。

  我突然发现自己的生活严重失衡，每天早上洗漱后就去上班，吃饭也在公司，下班后便回去睡觉，一天、一周、一个月、一年都是如此。这几年我并没有真正用心生活过，我每天只是机械般重复着昨天的生活。

  小时候我们为了摆脱父母的约束和控制，总期盼着快点长大，成年后就可以自由地选择想要的生活，可是我现在好像离我期盼的生活越来越远。

  如果人生是一部电影，那么我不想在刚播放 20% 左右的时候，内容就无趣得让人想快进。

  "我必须做出改变！"我对自己说。

  我开始对自己的工作做减法，对自己的生活做加法。我把干扰自己时间长的工作交接出去，只专注擅长的运营工作，不断优化工作流程，提高效率，培养团队，让业务在一个高效能的组织里良性循环。

  我有了更多可以自由支配的时间，下班后偶尔自己下厨做菜，晚上看书学习，拓展了兴趣爱好——学会了攀岩，周末和朋友打打球，闲暇时打电话和家人聊天。生活丰富起来后，我觉得更加幸福了，自主选择的生活方式原来有这么大的魔力。后来我才知道，这力量源自我们生活与工作之间的平衡。

  认真审视一下我们的人生，你会发现，好的人生并不是我们能活多长时间，而是我们在生活中内心足够充盈。

  很多人的生活几乎都被工作占据，"996"已成为常态，因为工作，牺牲了生活中很多有趣的部分，最后却安慰自己说，这是在"努力"生活。

第十章　遇见未来，开启不疲惫、不焦虑的人生

生活多姿多彩，涵盖了工作、亲情、爱情、友情、自我等。若选择你想要的幸福生活，你必须做出取舍，达到内心的平衡，并且你还需要有一个健康的体魄。

如果现在你是一个被工作束缚着的人，如果你也觉得生活已经失去了平衡。那么接下来，希望我的引导能帮你平衡工作和生活，帮你看清方向并找到自己想要的未来。

一、在想象中憧憬你想要的生活状态

挑一个安静的环境，闭上眼睛，首先问自己一个问题：如果现在全世界每一个人的收入和工作时间都一样，每个人都必须从事一份工作，你会选择做什么？如果你内心有了答案，那么恭喜你，你找到了自己的职业方向，你做这份工作的时候会更加有动力和活力，你的内心就不容易疲累和失衡。如果你还没有答案，那你可以选择风险较低的方式去体验或了解更多的职业，让自己对自身和这个世界有更多的认识，让你能做出更令自己满意的选择。

然后，想象你未来最期盼的生活状态是什么样子的。我想象的是下面这样的。

我在充沛的睡眠中醒来，微微的阳光透过窗户，照得床干干暖暖的。爱人今天起得早，所以先做了早餐，我看着桌子上丰盛的早餐感到特别有胃口。上班的地方离家只有几公里，道路很通畅，驾车听两首周杰伦的歌就到了公司。公司里我和同事们在认真地讨论某个项目，大家都很有激情，为着共同的目标在努力。

下班后，我牵着爱人的手，漫步在沿江路上，微风阵阵，橘黄色的夕阳洒在江水上，波光粼粼。孩子张开手臂绕着我们小跑，笑着说今天学校里发生的趣事。这时我的电话响了，是好友约我和爱人今晚去他家聚会。

爱人热情地回应说太好了，正好可以试试刚买的那件衣服。晚上回到家，我陪狗狗和猫咪玩了一会儿，最后抱着爱人安然睡去。

我们憧憬的关于未来的画面，会像磁铁般，把实现路径一点点地吸引到我们面前。我们很清楚当下所做的每一件事情是否让自己一点一点靠近梦想生活。

二、勇敢去改变，做出自己的选择

很多人抱怨自己没得选、没办法，每天睁眼闭眼都是工作，能够准点下班就谢天谢地，怎么可能做到工作和生活平衡？其实每个人与生俱来都有两种选择，一个是保持现状，另一个是改变。

成年后，选择权一直在我们自己的手上。所以如果觉得自己无法改变，那么很大原因是我们没有面对选择的勇气，有时候只是不敢面对选择后可能带来的一些风险。例如，我们总是加班，即使没事也不敢提前下班，我们害怕早下班会辜负领导和同事的期望，失去他们眼中"勤奋者"的形象，失去升职加薪的机会。

这样我们会一直活在别人的期望里，久而久之就会失去自我。别人对我们的认同，是缘于我们的能力和品格，而不是我们表现出来的努力的样子。

生命是美好的，不应该因为工作而做出一系列妥协。当我们脚下的路已经偏离了自己的期望时，请勇敢地做出选择：改变。

当我们有时间去做自己想做的事情，如健身、聚会等，我们的身体会变得放松，心情会变得愉悦，这些都将转化为我们工作的动力，让我们在工作上更加自信和得心应手。

自从我的可自由支配时间多了后，我参加了一个企业交流的线上学习群。我在里面做了一次工作经验的分享，分享后很多人都觉得很受用，对我表示感谢。我不仅因此获得了成就感和满足感,还得到了很多商业合作机会,生活和工作都在向越来越好的方向发展。

三、不苛求完美,在平衡中创造美好

想清楚自己想要的生活,我们就会着手做出改变,恨不得当天就活成梦想中的样子。其实我们不必急于求成,世间的美食无法在一顿饭里尝遍。

例如,今天你的汽车出了故障,拖去维修花了大半天时间。原本你计划上午去谈项目,下午去健身的,现在一天的计划被打乱,然后你想一心三用,把 2 个小时用成 8 个小时的效能,其实大可不必。

我们不用苛求每一天都过得完美,如果因为公司开会超出了预期的时长,导致我们失去了去咖啡店享受宁静片刻的机会,那么我们可以在这周内预留 2 个小时重新去做。做任何事情都要保持专注,全身心投入去做,即便是小事。

没有完美的一天,但可能有挺好的一周,不错的一年,最终得到美好的一生。

生活是由很多方面构成的,要做到绝对的平衡很难。平衡生活就像骑自行车一样,如果左边失衡快掉下去了,那就往右边用力蹬一下,实现平衡。但平衡生活也不是骑自行车,它的引力不仅只有左右,它来自四面八方,我们要做的就是在骑行的过程中别翻车。

作者简介

康剑明,微博博主@小康掌柜啊。从事阿里巴巴电商运营工作,运营的店铺曾获得全类目流量第一,擅长电商运营、企业管理和流程优化。

学会主动出击——三本也能逆袭BAT

网络上曾经流行过一句话：不争不抢，时间会给你一切。每次看到这句话，我都哭笑不得。这么高速发展的时代，时间如此宝贵，不积极争取，而是岁月静好地等待，真的可以吗？

生活中，谈朋友会因为不主动制造机会，而导致心仪的男生被撬走；职场上，因为胆怯不敢主动请教大佬，会错失交流和表现自己的机会，结果导致评优评级输给那些主动的人。

类似这样的例子，相信大家都遇到过。以前长辈总教育我们是金子总会发光。然而，金子如果一直藏在大山深处，是没人知晓的。就像马云，创业初期他如果不积极推广自己的黄页，没有不屈不挠地说服客户，那么他怎么能开创现在如此优秀的互联网公司呢？

如今的时代，人才济济，就像后厂村码农聚集地，多少是清北毕业的，又有多少是曾经的状元？

即使你真的很优秀，但放在一个集体里，尤其是这个集体中多数人都非常出色，那么你也非常容易被埋没，除非你真的达到顶点，不然酒香也怕巷子深。

优秀的人尚如此，对于普通人，尤其像我这样，拿了一手烂牌，更应该主动出击才对。接下来我就说说我的故事。

一、家庭贫困，更不能坐以待毙

我出生在落后的四线城市，大学之前没出过城半步，家庭可以说是在贫困线上挣扎。早年父亲创业失败，赔光了家产，之后父亲过世，母亲又重病负债，接二连三的重创让本不富裕的家庭更是雪上加霜。

而我自己也因为受到打击，高考分数仅够上三本院校。屋漏偏逢连夜雨，没钱、没学历、没背景，用家人的话说，这辈子是"废了"。

在这种借不到任何外力的情况下，如果还在等待命运发配，那么我只有被动挨打的份儿。所以我认真分析了下自己，不像小A家有背景，能帮小A找资源；也不像小B名校毕业，进名企的机会多。两头沾不上，又落后一大截。因此我要快速缩短与别人的差距，就要在行动上比别人更快，而且要找到关键点，放下脸面，制造机会，让别人注意到我。

于是我作出决定——我要主动出击，做自己的推销员，像销售产品一样，把自己推销出去。

二、翻身之战的路线和方法

1. 主动出击转专业

我大一学的是国际贸易专业，当时觉得专业性不强，于是上大二时我就打算转学专业性更强的会计专业。找辅导员帮忙这条路行不通，而当时我觉得专业对我的发展影响重大，所以我开始第一次"主动出击"。我在校长办公室蹲守了三天，终于见到了校长本人。我认真地说了自己的抱负后，没想到校长写了封亲笔信帮我转专业。

原本没抱太大希望，竟然因为自己的主动而改写了轨迹。虽然后来没从事会计行业，不过这次经历让我信心大增，也让我清楚地认识到——机会只留给主动的人。

2. 第一个名企Offer

有了之前的经历，大学毕业的时候，我并没有海投简历。因为三本院校毕业，即使参加招聘，录取的也都是小公司，这样我又会输在起跑线上，后劲就会很吃力。

所以当时我借了"985"院校同学的学生卡，去了他们学校的招聘会。但这时在众多名校面前，我还是面临一个问题，就是没人能注意到我。

所以我没有急于投简历,而是一直等招聘会结束后主动制造机会,和招聘人员单独沟通,这样我就有充足的时间展现自己了。

过程无须赘述,就这样我通过自己的争取,有了之后的面试机会,也得到第一个名企阿里巴巴的 Offer。

后来因为工作地不在北京,没去成,不过我了解到互联网产品岗位发展不错,对名校也并不那么看中,于是我准备北上,开始造梦。

3. 第一份产品工作

刚到北京,因为对产品岗并不了解,为了测试自己的实力,我先是海投了一遍简历,但最后全部石沉大海。当时我就开始焦虑了,当初为了梦想而来,难道现在要打包回家吗?

不!我要主动争取,这样即使失败也曾经努力过。

心急如焚的我,选了一家拒绝我的公司"下手"。我先是在网上找到客服电话,然后告诉客服说要进货,结果客服告诉了我地址。第二天我做好充足的准备,就去他们公司准备"霸王面试"。

该公司是创业公司,员工只有几十个,我很轻松地就见到了创始人。我由于事先做好了预习并打了几遍的腹稿,因此见了老板也没怯场,交流过后老板当场录用了我。于是我又一次靠"主动",搭上了末班车,开始从事与产品相关的工作。

4. 职场升级——进军 BAT

我的内心并不满足于一家创业公司,我一直有个想法,希望再往上试试。于是我在小公司待了一段时间后,开始准备为自己的简历打工,去互联网头部公司——百度。

但这时又面临难题,虽然已经有了几年的工作经验,但中途因为家里出事,职场生涯又换了工作方向,导致专一某方向的研究并不深。而百度属于头部互联网公司,竞争多激烈可想而知。这时候我的胜算又不大,那该怎么办呢?

首先我开始积极参加各种互联网大会和各种活动(这种活动在一些职场 App 都能报名),然后留心目标公司的参与者。等到中场休息的时候,就主动上去聊聊,加个微信,为自己的未来铺开人脉网。

当有了这些人脉后,我就要建立联系。除节日主动问候外,我还会传递想换工作的想法,主动问他们有没有合适的岗位。而有一天正好得知某个部门刚成立,急需招人,面试官恰好是我前期主动建立的人脉,所以我立刻抓住机会,连夜做了一份相关的 PPT,第二天就去面试了。结果很幸运,我被录取了,进入了我梦寐以求的百度公司。

现在想想,如果当初不是自己主动创造这一切,那么拥有一手烂牌的我,怎么能想到有一天,我也能进入名企,和清华、北大毕业的佼佼者共事。更不会想到,在这里我能遇见我的 Mr.Right,并且定居在了北京。

学习不好、出身不好并不是终点,关键看你如何把手里的牌盘活。对于起点低的人,有时并不适合按部就班,因为这样很可能令我们丧失很多机会,一步错步步错。

不要等待机会,要学会主动出击,为自己改命。

作者简介

管帅,微博@蛮腰阿姨进化论。百度医美栏目项目负责人,百度外卖签约达人。5 年工作经验,先后从事互联网销售、策划岗位,擅长医美领域、两性心理学。曾获百度 MEG 攀登者、第一届 ACU 文化之星、培训讲师称号。

用游戏思维，像打关卡一样应对挑战

大家心中的优秀人士是什么样的呢？

是不是在校能拿到好成绩，工作能拿到好业绩，总是能出色完成任务的人呢？或是社交好手，积攒下无数人脉的人？又或是别人还在纠结每个月的薪水时，早就列出了几年的投资计划的人？

如果有这么一个人，擅长使用"游戏思维"鼓励自身学习和进步，他属于优秀人士吗？也许有人认为，真正的优秀人士不应该沉迷游戏这种"低级娱乐"。可我身边就有一位爱玩游戏的优秀人士。

一、改变生活的思维

他叫小A，是我大学的同学。大学期间成绩优异，年年都拿奖学金，带领社团举办了不少大型活动，毕业后入职一家著名互联网公司当产品经理，拿到让人羡慕的薪水，前途光明。但是，很少有人知道，取得如此成就的他，私下里却经常玩游戏放松。例如，晚上回到宿舍后，他可能会打开电脑，来几局高难度的数独和拼图。周末，他也会在工作和学习之余，来几局联机对战或围棋象棋游戏放松心情。

可是，对游戏的热爱却丝毫没有阻碍小A取得进步。他没有像有些人，因为沉迷游戏，又逃课、又挂科，整天心不在焉。小A却能很好地掌握平衡，该玩时完全放松，该学习时也能马上收心，停止游戏。

有人问小A："你是怎么能做到学习和游戏兼顾呢？"

小A回答说："我只是改变了生活的思维，用一种充满乐趣的眼光看待挑战。"

改变生活的思维，这就是小A的生活哲学。他曾在朋友圈引用过罗振宇的一句话：未来时代，可能一切都是"游戏"。随后他写到道，其实现在，一切都可以是"游戏"，一切挑战都能以快乐的心情应对。小 A 在日常生活中，也贯彻着这一理念。

当小 A 在实习时被交代要完成并不熟悉的工作时，他并没有害怕自己会搞砸，或者抱怨工作太多太难。他只是选择以积极的态度去面对，把这项工作当成一个锻炼自己的机会。就好像游戏中遇到的一个小 Boss，刚刚好可以尝试下学到的新技能和新招式。

当小 A 在工作中不小心犯下错误时，他不会沉浸在懊恼之中。小 A 选择把失败当作一盘输掉的象棋，结果虽不理想，但下次还有机会。而且失败还能暴露自己的薄弱点，刚好可以作为之后工作的重点，岂不美哉？

在这里，小 A 把学习当作了游戏，意味着当他面对困难和挫折时，可以一笑而过，并以积极的态度去面对。就像在游戏中，没人能够在第一次闯关时，就能把每个操作都做到完美。

而游戏化思维，就是要剔除害怕失败这种负能量。被 Boss 击中了？没事，吸取经验，依然有反击的机会。这次棋局失败了？无妨，好好分析反思，下一盘一定能赢。

毕竟，任何游戏中都有"重新挑战"，"再玩一把"的选项，而这相当于告诉玩家：获胜了，恭喜你！为何不乘胜追击？失败了，别灰心！为何不重新再来？学会用这样的思维思考问题，没有什么失败和困难是能永久伤害到你。唯一能伤害到你的，就是你的内心。

把生活当成游戏，告诉自己，困难只是游戏的小 boss，失败只是一次战斗的结果。它们无法击倒我们。而我们只要不断地思考、练习、提升自己，就一定能取得最终的胜利！

二、像打游戏一样把目标分解

大家有没有过，虽然知道目标，但却无法行动起来的情况呢？

我有一个朋友小B就是这样，他虽然知道自己要完成作业，要准备考试，要去找实习，但是他总是没办法迈开第一步。当别人问他为什么不行动，他要么说任务太难了，无从下手；要么说任务截止时间还早，可以拖一拖。结果每次都拖到deadline就在眼前才忙起来，最后的结果也往往忙中出错，不甚满意。终于，小B遇到了一次大麻烦。

他挂掉了一门必修课，如果补考还无法通过，就会影响毕业。小B心中也清楚，自己需要复习，需要重温课堂笔记，要做以前旧题。他也动了起来，从别人那里借来了笔记，也在网络上下载了资料，并且考试两周前就准备好了资料。

但是，这些学习资料，小B拿到手后就束之高阁，一次都没看过。直到补考前三天，小B才顿然悔悟，急匆匆开始看。可毕竟时间有限，他只能东一榔头，西一棒槌，熬了三天三夜，也只够把课程内容囫囵吞枣下去，便参加了考试。

考试结束后，小B黑着脸，表情比哭还难看，晃晃悠悠走出考场，身子飘乎乎的，就因为前一天一直熬夜复习到凌晨5点。后来成绩出来，他补考失败，只差2分！

有室友挖苦他："早知今日，何必当初，要是早早准备，就不至于这样了。"

小B反驳道："我也知道要复习，可我腾不出时间！毕竟，寝室的东西要收拾吧，一日三餐要吃吧，朋友的邀请，拒绝不合适吧？还有午休，还有外出运动，还有……"

"得了吧！"对方打断道，"你自称没时间，可你怎么每天都能完成游戏的每日任务呢？"

仔细想想，虽然小 B 拖到最后几天才开始复习，可是他平常玩的手游里，每日任务和每日奖励，他可真的一天都没落下，甚至还发过朋友圈！可是他又真真切切地感觉没有时间复习。

其实，这是因为小 B 没有在学习中借鉴游戏化的思维。为什么游戏中的每日任务那么容易就能实现？无非以下两点原因。

第一点，游戏中的任务有明确的时间限制。

每日任务和每日奖励只有当天能够领取，过了午夜就会失去机会。有时候，游戏还会在界面里给出倒计时，用不断变化的数字和音效激发你的恐慌，驱使着你尽快完成任务。在其他地方，时间限制也是随处可见。无论是提示本局游戏还有多长时间结束，还是下一波敌人进攻的倒计时，又或是一切"仅限活动期间领取，过期不候"的特殊奖励。

时间限制的机制就像一列"呜呜"大叫的火车，让玩家不得不行动起来，几乎是被时限强迫着越过终点线。而这也是为什么玩家在游戏中，行动总是那么容易，因为总有时间限制在那里提醒着玩家，催促着玩家。

可是在现实生活中，许多工作并没有明显的时限。就拿考试而言，小 B 当然知道两周后有考试，可是在当下，没有任何时间限制能驱使他：他既可以看书也可以不看书，既可以做题也可以不做题。对小 B 而言，今天不学还有明天，明天之后还有后天。就这样，小 B 对时间的流逝无动于衷，直到考试临头才想起行动。

而在其他领域，这种事也经常发生：既然毕业论文在几个月后才要交稿，那为什么现在就要开始准备呢？既然年底才会评绩效，那为什么要现在努力呢？正是因为没有时限，人们沉浸在"时间还早"的错觉中，一步一步进入懒惰和拖延的深渊，无法自拔。

第二点：游戏有及时反馈机制。

在游戏中，任何行为都会有及时的反馈：轻轻点击打卡，漂亮的窗口就会跳出来，恭喜你完成打卡，有时还会给你额外的奖励，或者响起宛如硬币扔进存钱罐般的声音。而游戏中，击杀敌人获得的经验奖励，得到稀有装备的特殊音效，升级时的视觉特效，一切都是为了让玩家的每一个行动都有及时的结果，凡事有交代，件件有着落，事事有回音。

可学习却不一样，你也许可以看几页书，做几道题，但是这并不能够直接反馈到你的学习成绩上。小 B 就是这样，不知不觉中怠慢了学习，而等到糟糕的学习成果在考试上反映出来时，造成成绩下滑的负面影响已经发生了。

其实在校园之外，很多能够帮助我们的事情，也没有及时的反馈。比如健身，也许你每天都去健身，但是身形一点变化都没有；比如读书，几本下肚后，可能也没有感觉思维有什么提升；再比如搞副业，又累又烦，不知道还要多久才能实现盈利。在这种情况下，很多人都会放弃自我提升，直到无情的世界把他们逼到角落才想起反抗，可他们早就如"温水里的青蛙"失去了反抗的能力。

游戏化思维，无论是时间限制，还是及时反馈，都可以极大地激发人们的动力和行动力。游戏化思维本身是中立的，不因其起效领域而变化。最重要的区别在于，我们选择利用游戏化思维做什么：是用来放松享乐？还是用来学习进步？是否愿意利用"游戏化思维"的工具，来实现自我的提升。

对于小 B 而言，在"补考危机"之后，他痛定思痛，在朋友的帮助下，建立起一套每日奖励系统。

这套系统有两个特点：首先，设置了时间划分，把一天分为早晨、傍晚和晚上三个时间段。每次他都会给每段时间分配一个小目标，比如完成十道作业题，或者看课本中的一个章节。其次，建立了一套反馈机制。只要他能够在时限内达成目标，就会在日程表中进行特殊的标记，还能得到一枚自创的努力金币。

那么金币能干什么呢？在游戏中，通过每日任务得到的虚拟游戏币可以兑换好看的皮肤或有用的道具。所以小B也以此为鉴，设定金币可以用来兑换他喜欢的东西，如3个金币可以兑换一顿喜欢的食物，10个金币可以兑换自己一场电影等。

当然，他也没有把计划完全定"死"，而是会根据自己的状态灵活调整。比如一开始，他的动力实在有限，所以每个时间段的目标门槛也比较低，如只要能完成3道题，就可以得到奖励。正如每个游戏都有新手阶段，会在一开始额外呵护有动力的小树苗，不会让它被过高的目标压坏。

过了三周，在已经习惯了每天每个时间段都会学习的生活后，小B便逐步提高目标门槛，给自己增加一些挑战，同时也调整了金币的兑换机制，确保金币兑换的奖励能让自己的开心最大化。就这样，他逐步建立起一套"学习，拿金币，换奖励，充满动力，再学习，再拿金币，再换奖励"的循环机制。

此外，他也注意用游戏的心态去面对挑战。如果原来的他把考试和学习看作可怕的敌人，那么现在的他，只会把它们看作是游戏的关卡。每一次考试都是检验自身能力的挑战，而每一天的学习都是打磨自身技能的机会。即便是犯下错误，也只是一时的损失，而真正重要的是能否以积极的心态去避免下一次错误。

两年后，小B不仅培养了良好的作息和学习习惯，还拿到了一份不错的 Offer，找到了很好的工作。当别人问他有什么教训时，他总会很不好意思地承认："他原来错就错在被游戏玩，而想要真正取得进步，就要学着去玩好人生这场游戏。"

是啊，玩好人生的游戏。当面对人生的难题时，是选择去恐慌，去害怕，去拖延，去无视呢？还是选择打起精神，以游戏的思维，平和的心态，建立限时目标反馈体系呢？不同的答案，意味着人生游戏的不同得分。是一事无成的低分，还是幸福美满的高分，任何想要追求更美好生活的人，都要好好思考这个问题。

如果你真的能在生活和学习中，戒骄戒躁，稳扎稳打，那么有理由相信，你一定可以在人生的游戏中拿到高分！

作者简介

张锦卓，毕业于浙江大学，在校期间曾获一等奖学金。擅长利用"游戏思维"提升个人技能，并使用此方法，取得大二六级一战 629 分，考研英语"裸考" 89 分的成绩。曾参与微博公众号双百万粉大 V 旗下训练营运营工作，并获"优秀运营官"称号。

不为自己定性，身兼数职感受多样人生

动手写这篇稿件时，已经是夜里 12 点 32 分。

回顾今天的一切，我经历了上班下班，下班后跟客户对接项目，项目基本情况敲定后开始撰写稿件，稿件完成后学习相关感兴趣的知识。随后打开 Word 文档，开始新内容的撰写。

《不为自己定性，身兼数职感受多样人生》是这篇文章的标题，也是我自 2019 年到 2020 年的生活状态。在这 1 年时间里，我是学生，我是老师；我是甲方，我是乙方；我是撰稿人，我是合伙人；我是……我很喜欢省略号，我一直觉得省略号代表着未来，代表着更多的可能性，代表着不受限制。

我也非常喜欢现在的状态：忙碌、辛苦和多变。之所以喜欢这种状况，我不知道是不是因为小时候受到电视剧的影响。电视剧里的女主人公白天是清纯的学妹，晚上是唱摇滚的酷 Girl，白天和晚上是截然相反的两种性格。你永远不会知道她的另一面是什么。

我对这种神秘感有一种向往，然而从来也没有想象过，自己有机会可以成为有一丝丝神秘感的人。但我想象过，我不要一直做一份工作。

就是在这样的想法下，我走了一条和大家都不太相似的道路。这条道路曾是低谷，但也造就了现在的我。希望我的经历可以多多鼓励和我一样平平凡凡、普普通通的社会人。

一、我选择了多数人没有走的道路

2016 年 4 月份，我参加了学校举办的校招，面试了一家公司并得到了 Offer，该公司给我提供 8000 元底薪；2016 年 6 月份，我决定备考研究生，便放弃入职打算；2016 年 11 月份，我又在临考前放弃考研。2016 年的研

究生考试于 12 月月底结束。2017 年我毕业，正式进入社会，一无所有。

没有本来认为的高薪的工作，没有继续深造的可能，有的只是一个刚毕业大学生的迷茫和无措。我自己被深深的自责围绕着，深知自己既没有抓住工作的机会，也没有抓住继续学习的机会。

那是我第一次对自己发出疑问：我，能做什么？

我的家庭不是高知家庭，我的学校不在一线城市，我过往的亲戚长辈中没有可以给我提供建议的。面对陌生的社会和新世界，我找不到答案。我像一只无头苍蝇，想努力，想改变，却无从下手。我，能做什么？这大概是我 21 岁时最大的困惑。

在这个时刻，我只能自己思考，自己解决，也确实找到了"稻草"。这些年我回头看，这根"稻草"也是我的救命稻草。如果没有这根"稻草"，就不会有现在的我。

这根"稻草"就是文字。我毕业之后选择的道路是，待业在家，通过写文字来获取生活费用，过活。

毕业之后，我选择了大多数人没有选择的道路，没有读研，没有考公，没有找公司工作。我在家里度过了 1 年半的时光，度过了最难熬的低谷时光，这样的低谷让我现在的生活变得更加有趣。

二、没有退路，但我相信努力就会有回报

进入社会后，我正式开始了自由职业者的探索生涯。关于自由职业者这样的定位并没有错，但是对于当时的我而言，我更愿意亲切地称之为"线上兼职文案工作者"。

我首先在网络上学习了 1 个月的文案课程，然后继续边学习边实操，2 个月内成功上手，并且开始通过文案来养活自己，所得收入能够满足自己

日常的开销。生活好像进入了正轨，但也有那么一丝丝的偏差。

长时间的久坐码字，日夜颠倒的生活作息，两点一线的生活：床—电脑桌前，让我和这个世界之间有了那么一点距离。

我真的想要一个机会来证明自己，所以拼命地努力，想抓住每一次可能的机会。我知道，每一次把握住机会都是我继续生活的勇气。在这样的状态下，我确实有了很多的机会，也开始了一种不一样的生活状态。

大家日常的 24 小时，是白天 12 小时，夜晚 12 小时。我的作息是，休息 3 小时，写作 6 小时，或休息 1 小时，写作 6 小时。生活不分白昼，只分小时。时间掌握在甲方手中，我，随叫随到。

45 元的文案写不写？写！

××文案写不写？写！

写！写！写！我可以，我可以，我可以。

但这其中也不免遭遇骗稿、不付稿费的情况。我也曾遇到过，甲方说了这篇文章不要，随后我的文章被发出来的情况。

那个时候，我第一次感觉到，原来"努力就有回报"是多么幸运的一句祝福。

三、因为知道单腿走路的难过，才会发现双腿走路的快乐

正是因为上述经历，我深刻地意识到，仅仅靠写作是不能让自己过上相对轻松又舒适的生活的。受到朋友的带动，在从事文案工作之后，我开通了新的道路。而这样的新思维的出现，开启了我多样的生活体验。

最开始自己写文案，后来带着团队一起写稿子，我主要做稿件的审核工作。我从最初一个月最多看 40 篇稿件，到后来一个月可以看 300 篇稿件。

自己单写文案的时候，思维会被局限，当更多同一主题的稿件出现在面前的时候，我会发现原来角度还可以这样切入，原来这个内容可以这样描述。因此快速地知道了什么是好，什么是不好。

后来我从稿件审核转为项目负责人，开始做项目的整体规划和策划，身份的转变让我又发现了不同的思考逻辑。如果不是执行者，而是策划者，那么更多地需要考虑如何才能满足甲方的需求或者达到某种KPI。同时，如何管理团队也成为我思考的重心。

审稿执行上的工作使我清楚地知道，审稿过程中会遇到哪些问题；项目负责人的工作使我回去思考这些问题如何从规划端解决。

与此同时，我和朋友一起成立了小公司，思考的角度又一次发生了转变。我会思考如何寻找客户，寻找甲方，如何来养活团队里的成员。

在此期间，我遇到了自己的瓶颈，无论是认知还是人脉资源方面。于是我便决心进入职场，开始职场生涯，同时也开始在网上进行授课，还会不断地学习新的知识。这样一步步前进，终于成就了现在的我。

我是公司一名普普通通的员工，过着和万万千千工作者一样的"996"生活；

我是一名网上课程的老师，每个月都会进行一次线上授课；

我是一名学生，每个月都会报名不同的课程，学习新的内容和知识；

我是一名写手，时不时地接一些品牌方的稿件，来促进自己强制性地输入；

我是一名合伙人，和朋友一起拥有一家文创公司，负责某项单线业务；

我是品牌方，了解品牌方内心深处的需求；

我是乙方，了解乙方合作的基础逻辑和模型；

我是……

我希望我的未来有更多的可能性，有机会尝试更多不同的生活。去体验不同的内容，然后造就未来的我。希望你也可以不为自己定性，勇于突破现状，感受多样人生。

作者简介

圆气，毕业于海南大学涉外会计专业，自由职业1年半，现回归职场生涯，开启自己的全新道路，参与合作项目50+。

养成理财思维，爱拼的人生更精彩

"我想学礼仪，老师你有好课推荐吗？"每每讲完《商务礼仪》这门课，总能收到女学员的提问。坐姿优雅、站姿挺拔，举手投足间流露出独特的气质，仿佛礼仪养成能快速成就一枚灵魂有香气的女子。

我 20 岁时经常在电视上看到一位时尚教母，讲待人接物的礼仪，也曾深深着迷。我特意攒了假期，几经辗转找到在北京的培训机构自费学习。三天两夜的课程如坐针毡，让我后悔莫及。

培训现场摆满花花绿绿的易拉宝，入场欢呼鼓掌，过半老学员推波助澜营造氛围，又哭又笑还喊口号，像极了传销课。见我和其他几位来自企业的学员面面相觑，既哭不出来，投入度又不够，顾问也懒得理我们。名媛和富豪太太的购买力才是礼仪培训课的目标，动辄十万元起招收门徒，离我太远。

回到工作现场和实实在在的生活中，礼仪养成没有重要到让我升阶和成长的程度。拜访客户须衣着得体，做充分的准备；了解客户的需求，才能目标清晰事半功倍。我接触过的客户，都是实实在在的生意人，大家更关注，我能给他们带来什么价值，能帮他赚多少钱？

有时间和精力的年轻人，可以适当研究如何理财，培养这样的思维可比养成礼仪重要 100 倍。

一、养成理财思维，掌握命运的馈赠

和大家说说没有理财思维曾让我吃过的亏。

除去上礼仪课外，对其他学习过度狂热，想变更好以获得他人认可的想法，都非常花钱。有朋友推荐课程，说某位老师特别棒。推荐人如果是

我认可和信赖的，我会愿意花时间去了解，觉得以后用得着，或者我有兴趣，常常想都不想就报名。

知识付费特别火热的时候，身边很多朋友成为知识 IP，遇到好的内容我就付费支持一下。99 元的课程我并不觉得贵，从心理学、学习方法到理财知识，各大知识平台囤了一堆课。一年到头学完的很少，2017 年买的，直到现在还没有打开过的也有几门。

为焦虑买单的学习，没有意义。真正有价值的学习，70% 是在本职工作中通过不断解决问题，长期训练获得的。完全不考虑投入产出比，感性地从兴趣出发，冲动消费，只能认栽！

如果一个人有理财思维，那么消费决策应该是这样：我的收益是什么，我得到什么好处，能不能增值，变现路径长还是短？坦白讲，年轻时我完全没有意识，甚至"看不到钱"，对钱无感。

下班和同事一起吃个饭，总抢着买单。请个下午茶，喝杯星巴克，过节的时候为小伙伴们买礼物。日积月累的小钱，终归是很大一笔开支。因为缺乏理财思维，我错失了一次千载难逢的买房机会，遗憾至今。

2008 年深圳房地产刚经历零首付贷款，房价很低。我是部门里工资最高的 Leader，当同事纷纷买房，办理贷款时，我完全有投资能力积累人生第一桶金，却迟迟没有出手。我只是回家象征性问问老公意见，他觉得没钱，不好意思向父母开口。我既没有坚持，也没有认真思考自己的能力和资源，就以"反正你不同意，那就算了"为由，白白错过了命运赐予我的"暴富"的机会。

几年以后的深房是什么行情，简直不敢再想。拍断大腿、肠子悔青了，终于明白，脑袋里没"理财"的概念，是真的赚不到钱，积累不下财富的。

与其说是时代给予我们创富的机会，不如说是每个人的思维方式、认知水平在驾驭机会，决定着命运的馈赠。

二、理财的思维，或来自家庭

如果对理财无感，那么一定要从童年找原因。我的一位朋友说她从小就被父母训练理财，洗碗赚 5 角，考试得 100 分挣 10 元。她也曾把爷爷藏在床头的零钱偷走买零食，大人们都知道是她拿的，但都假装没发现，从来没有戳穿她，让她难堪。偷钱她也觉得很好玩，想要什么都能得到，赚钱、花钱都很自然，没有什么剧情。

不到 10 岁她就能支配自己的存款，买任何自己需要的东西。和钱有关的回忆充满乐趣。听她说赚钱就像游戏，我感到吃惊。因为对我来讲，和钱有关的回忆太黑暗。

小时候和祖父祖母同住，家里永远有络绎不绝的客人和亲戚。大堂哥是长孙，在我家被抚养到成年结婚才搬走。我父母是被家族严重剥削、有苦难言的人。没有界限感的家庭，就没有安全感。小时候我的文具和零花钱总会丢失，找也没用，不仅没有人承认，我还要挨骂。

大人也时常丢钱，逮到几个孩子轮番打，哭声此起彼伏，孩子们哭喊着否认："不是我，我没偷。"直到其中一个孩子被打得更狠，再也挨不住，承认了，其余的孩子才能得救。抽泣着睁大眼睛看着"小偷"，众目睽睽之下，那个孩子狠狠地再吃一顿"皮带炒肉"。

妈妈是匮乏感很强、情绪有黑洞的女人，长期劳累地工作，总是充满抱怨。因为缺乏智慧和经商才干，最后生意失败，她把责任全部推给父亲。一生怨怼的两个人，时常因为没钱而争吵。

我对钱着实没有什么好感。惶恐、屈辱、恐惧的感受，很难滋生出与金钱的亲密感。而获取财富又是两相欢好才能成全，你不理财，财不理你。

理财的思维，需要每个人重新建立与金钱的关系，建立信任和亲密关系。追根溯源，并不是为了"甩锅"家庭。谁都没有办法，为别人的生命完全负责。如果有家庭的托举和支持去创富，那么自然是幸运的。但是现实不具备先天条件，就更要后天努力，靠自己在致富的路上破局。学习理财思维，重建人生体验。

三、像改造基因一样，培养自己的理财思维

看到隐藏在潜意识和心灵深处的财富卡点，我开始有意识地进行"理财思维"的训练。一个从来没有把赚钱当作目标的人，开始不断确认目标并展开行动。

每年我都给自己定一个明确的财富目标，包括金额是多少，薪资涨幅是多少；在升职加薪外，还有没有可能多一个赚钱的通道；要存多少钱才足够。这些选项我会一一写进效率手册最后一页，再依次拆分到每个季度，每个月做好过程指标的管理和节点监控。

人一旦有了明确的想法，人生就跟开挂一样勇猛。每个月我会带上电脑争取一个 30 分钟以上，我自己的 One By One 绩效面谈，向我的上级复盘过去部门业绩和个人的工作表现。拿到他明确的反馈、期望，也对标公司对他的目标，表达自己渴望发展提升的意愿，同时给他最大的支持。

"我和我的团队要做到什么程度，拿到什么结果，才有机会晋升呢？老大你能说得再具体一点吗？"这种明确、具体，交付结果的沟通，大大提升了我的工作效率和沟通质量。

没有人会不喜欢一个有进取心，能力强，执行力不打折，又积极主动的下属。同样，也没有人不喜欢这样的管理者。我获得了团队的支持和拥护，

带大家一起进步。

理财思维，让我在职业生涯中保持斗志，让我处于组织第一梯队，并抓住晋升和增值机会。

工作时间以外，我放弃了很多无关的学习和培训，只参与儿童乡村图书馆的公益项目，并和钟汉良、纪中展老师一起帮助贵州山区的小学生筹集图书。

关注目标、收益和成果，效能就会有惊人的进步。从做更多，到做最有意义的事，自动过滤无效社交。如果再面对别人的"安利"，我就会很自然地回答："谢谢你，我现在不需要。"

能说NO，就是省钱，不花钱就是赚钱。

四、用理财的思维方式开辟副业，慢慢变富

培养理财思维，每一笔学费都很昂贵。在一个付费客户都没有的情况下，我就开始印包装袋，做Logo设计，打版，投入大量金钱尝试服装副业，结果销售额还不足以支付前期成本。

我也学着别人做知识付费，上来先搭建精美的平台。在运营不完善、内容不健全时购买学习，卒！亏得一塌糊涂。

接触了许多做生意赚钱的朋友，他们都是用不花钱或者少投入来试错。就算投资，也是先融资，用别人的钱去尝试，绝对不像我这样操作。

痛定思痛，不再眼红，不盲目跟风。把所有时间和精力都聚焦在最熟悉的事情上。足够聚焦，足够热爱，我才能发现别人看不到的东西，提供只有我能提供的价值。

围绕自己的主业，专注培训和学习技术。关注行业的变化和动态，在企业赋能项目里拼命锤炼自己。培训、教练技术、视觉传达、个人职业提

升训练营，主副业相辅相成，彼此助力。

没有简单起步的副业，只是把自己追剧、看综艺、刷淘宝的时间，用来打磨自己的成长性而已。我没有一夜暴富，几个线上学习的产品都是从10个人、20个人报名积累来的。慢慢地，从青铜练到黄金，再到钻石。要做钻石，就要耐得住时间煎熬，于无人之处把功夫练成；要做钻石，就要承受沉淀的重压，突破速度的极限，用密度碾压自己。

五、养成理财的思维方式，克服自己的小女孩情绪

有时我也会不经意流露出与年龄、身份不相符的少女情节。说好听点是神态过于可爱，大白话讲是不合时宜地装嫩。哪怕已经阅人无数，阅师无数，在"权威"面前仍然有小女孩的神态：会紧张、慌乱，不敢大声说话，畏惧权威，害怕冲突和出错。小女孩只能惹人怜爱，得到施舍，小女孩是赚不到钱的。

真实的职场和商务合作，大家一定会挑选成熟、靠谱的成人作为合作伙伴。跌跌撞撞一路走来，我真实体验到了女人用专业和职业赢得信赖、尊重的重要性。

忘记颜值，展示专业；忘记性别，展现职业。训练自己成为一个大人，大声讲话，做事雷厉风行，语气坚定，表达攻击性。这是战胜"怯感"的过程，也是划定清晰界限的过程。

朋友曾邀请我加入他的公司，又迟迟不明确待遇和权责。前后耗了2个月帮他各种忙活，身心俱疲。我大声对自己说："我要多少钱，我要多少钱？"用精准、简洁的语言，逻辑清晰地提要求，丑话说在前面，我提标准，明确价格，要签合同。有条理地梳理问题后，果断退出，继续做朋友。

是自己先乱了，别人才乱来的。养成理财思维，是学会独立，拿回属于自己的力量。成熟的气场是能量场，养护赚钱的面相。

小时候我有个愿望，就是给我妈买一个大大的房子养老。如今我做了母亲，希望自己将来不用靠儿子养老买房。

养成理财的思维，爱上理财。我用赚到的钱实现愿望，兑现许过的诺言。

作者简介

姬秀，微博认证教育博主@姬秀Jessica。毕业于香港大学，IMC整合营销传播研究生。曾供职百度12年，前商业BG培训总监。擅长战略规划、组织学习、培训体系搭建及个人成长赋能。美国ICF教练联盟共创式教练，中国人民大学百名优秀培训经理认证；国际版权领导力课程认证导师。师从毛泡泡，CGFP认证视觉引导师。

七年买房路，理性决策让我扎根一线城市

2012年夏，我从一所"985"高校毕业了。在校园里待了整整20年的我，终于到了不得不离开的时候。搬家时，全部家当由两个蛇皮袋和一个我用了7年的行李箱就够装了。赶集网上找了一辆车，120元，所有东西被送到了出租屋，我还请师兄弟们帮我把东西抬上了楼。忙完后吃了顿火锅，又花了200元。

整理好东西，看着12平方米的房间，一张床、一个书桌加一个柜子，不禁想起去年回家的爸爸。他1999年来上海打工，独自在这里待了12年，去年因为身体原因回家休养了。

我在这座城市又能待多久呢？

一、面对现实，幻梦破碎

第一份工作是导师推荐的，专业对口且省去了面试环节。公司是老牌国企，几乎所有员工都是上海人，对我这个外地人"高材生"也很照顾。工作不算很忙，上班早，下班也早。这让我有了很多时间，来做自己喜欢的事。

度过了刚出校园的忐忑，我甚至觉得有点兴奋，感受到了一种久违了的自由。每天早起，坚持锻炼身体，买了很多书来读。因为喜欢心理学，我参加了不少线下活动，甚至还报考了心理咨询师。一个人的日子，开心且充实。

直到有一天，一个电话打破了看似平衡的生活。我的好朋友来电跟我说，他买房了。

我的好朋友，也是一路陪我走过小学、初中、高中、大学、研究生的同学，更是我大学的室友。毕业时，他去了南方某市重点高中当老师，而我留在

上海。两个人一直都有互相竞争的心，哪怕打游戏也会分个胜负输赢。现在，他已经买房了；而我的买房念头只短暂在脑子里闪现过，我还总觉得距离太远，无法实现。

一时间，一个巨大的声音占领了我的大脑！他能买房，我为什么不能？我也要买房！

这个念头是如此强烈，强烈到几乎占据了我所有的注意力。朋友买的是 120 万元的次新两房，我心想怎么也不能比这个更低。搜了搜周边房价，哪怕 1980 年的房子，两房也得这个价。而我毕业第一年月薪只有 6000 块，不吃不喝一年攒 7 万，攒够首付就得 5 年。唯一的优势是，我作为应届生可以直接积分落户，购房资格不是问题。

于是，所有的问题都指向一个点：钱从哪里来？

为了买房，我必须解决钱的问题！120 万元，首付就是 36 万元，再加上税费和中介费，45 万元才比较保险。春节回家，我就和爸妈商量起买房的事，并且报出了这个数字，父母是沉默的。这么多年来打工，扣除所有的开支，其实他们也就攒了 10 万元。我大学期间买电脑、生活、旅游等，都花了不少钱。哪怕工作后深感赚钱不易，加上年终奖自己攒了 4 万元，距离买套房子的目标还是相差太远。

怎么办？只能硬着头皮上！

于是，爸爸打电话找亲戚们借钱。这对他来说，也是一个很大的挑战。一圈下来，2 万、3 万、5 万地凑，又借了 16 万元。家里亲戚资源已经用完了，看着爸妈苍老了好几年的面孔，实在没法再苛求他们什么。

走到这里，也只能靠自己了！

我盘点了可以借钱的人，同学们刚毕业，都没钱。多年的校园生活，我也不认识有钱人。左思右想，我发现只能去找导师借钱。毕业找工作导师已经帮了忙，现在又得厚着脸皮上。

我伫立在办公室门口，想敲门又不敢敲门。中午时分，走道上基本没人，但只要远处传来的脚步声就会让我精神紧张，担心遇到熟人。时间过得真慢，我整整站了一分钟，在挣扎之下敲开了门。

"请进！"熟悉的声音，威严又亲切。

进门后，和导师聊起了工作，聊起了生活，聊起了国际形势。我好不容易把话题扯到买房上，他又开始大谈房价崩溃论，我根本不知道该怎么接话。10分钟过去了，20分钟过去了，半小时过去了。理智告诉我，再这么拖下去，我就得告辞了，毕竟导师还有文章要改，还有项目要做，不能再拖了！

我咬紧牙关，用尽自己最后一丝力气，说自己打算买房，还差钱，想借点。我心中计划借10万元，但说到嘴边就是5万元也行。我按照6%的年化利率支付利息。

接下来是令人窒息的安静。导师也有点蒙，但下一句话是："好，10万够不够？还是直接给你15万吧。"终于解脱了！然后导师直接开车到校门口的工行，转账15万元。导师有事离开了，留下尚在恍惚中的我。

45万，首付目标达成！

二、看房定房，房本到手

接下来就是看房，我也很忐忑。一方面从未经手过这么多钱，另一方面也没有和中介打过交道。为此，爸爸专门从家里到上海陪我一起看房。每天下班后，看3~5套房；晚上对着电脑，像强迫症一样对着电脑，一遍遍地测算还款金额。贷款90万元，每月要还近6000元，我真的还得起吗？

这种生活经历了一周，一场不成功的谈判，爸爸先挺不住回家了。再不走，他心脏的老毛病估计又得犯。临走时，他留下了十几页纸，里面整整齐齐地写着买房交易流程和注意事项，都是他这些年听到的、问到的、从网上查到的。我很清楚，他真的尽力了。

极度抗拒看房，却又不得不面对。于是，从朋友那儿找了个老法师帮忙一起看房。

看了几套我一直不买，对方也开始烦了。2013年初房产又出新政，传闻要收20%的个税，我火急火燎地赶在窗口期前，终于定下了一套6楼老公房。现在回想起来，当时没有经验，致使谈判过程惨不忍睹。

交易还算顺利，两个月之后顺利拿到绿色房本。第一次拿到房本的喜悦，无法用语言来形容，开心，超开心。

回头看，第一次买房的过程，是一次颇为失败的交易。我的所有理性和精力，几乎都花在了借钱和克服恐惧上，真正的理性决策是在3年后。

三、理智规划，改善买房

有了房子，感觉自己和这座城市有了切实的联系，心也踏实了。接下来的3年，日子过得很顺。工资逐年上涨，结婚安家。因为钻研房子，朋友们买房我还帮他们出谋划策。2015年，房价已经有了点涨幅，考虑到未来需求，得买套房改善。

首先问自己，我要什么？

现在小家庭只有我和我老婆，但很快就会有孩子，到时父母肯定会帮忙来带娃。现在住2房，人一多肯定得3房。如果我还想有个空间读书工作，就得4房。

有了孩子，就得考虑读书的事。不一定要最好的学区，但最好能带个尚可的学区。考虑到双方工作地点，可选区域基本定下，都在内环里。

这样的房子，起步价800万元，好一点的1000万元也打不住。然后我问自己，我有什么？

购房资格：都是上海户口，意味着还有首套房资格。

首付来源：这几年的积蓄，手上现金100多万元。靠朋友关系，再借点也不难。虽然凑个300万元首付有难度，但咬咬牙也可以的。

还款来源：工作单位都不错，而且我的副业也有收入。

想好就干，按照原定计划，下班就看房，周末更是排满，平均每天看4~5套房。明显感觉到市场在热起来，告诉自己要抓紧。

功夫不负有心人，一套便宜的房子进入我的视线。这是一套内环次新4房，接近200平方米，总价1000万元出头，二梯队学区，送车位，单价不到小区均价的80%。

让中介拉了产调，仔细研究后，才发现存在很大问题。

（1）房子是被法院查封的。

（2）有400万元贷款没还清。

（3）房东很神秘，只有代理人出面，有全套公证委托。

房子本身是好房子，完全符合需求，上不上？管他呢，只要控制好风险，一步步解决问题就是。如果发现问题实在解决不了，再抽身就是。

首先，确定风险。我先约代理人聊了聊，对方是一名律师，初步聊下来感觉还行。并且他讲了一个很离奇的故事——房子是被房东自己查封的！房东希望既可以通过商品房成交，又可以通过法拍成交，结果弄巧成拙。律师承诺，只要付了定金，随时可以解封。

如果是这样，法院的问题就不是太大了。我找代理人要了全套公证材料复印件，打电话问当地公证部门，核实了信息的真实性。

其次，聊价格，聊付款细节。价格我是满意的，但仍尽可能地往下压了几十万元。重点是付款细节，这决定了交易安全性。最终，我们确定了几个时间节点。

定金10万元，法院来解封（确保他说的故事是真的）。首付先付100万元，房东出300万元，转账当场还贷款（确保首付专款专用，同时房东也得付出真金白银）。过户前再付剩余首付。

最后，处理大大小小的细节。例如，按揭贷款是否足额审批，房子是否满五唯一，家具是否赠送，物业费是否缴纳，车位评估价多少，等等。大的困难解决了，小的问题一一留心即可。

四个月之后，我顺利拿到了大红房本。自住、学区、车位，所有问题全部解决。如今，我就在家里书房，安静地回忆当初作出的决策。

四、理性决策，克服恐惧

回想第一次买房，我的全部精力都花在克服恐惧了。

而参与过十几次买房交易后，这次买房，我的精力都花在抽丝剥茧分析问题上，最终作出了理性的决策。既提前买到了好房子，也避免了房价上涨对家庭的冲击。

如今，我已经从国企辞职，开了家创业公司，专门帮助朋友分析需求，科学理性地买房。一个学生气十足的男生，也多了一个新的角色：父亲。当初对家庭的设想，现在也都一一兑现。

我很感谢当初的自己，没有沉溺于一开始的小确幸，而是选择勇敢地直面自己的责任。虽然过程中充满了不完美，但只要咬紧牙关直面恐惧，理性会指引我们该怎么选。

> **作者简介**
>
> 陈士谦，微博博主@爱淘屋的心谷，发文总阅读量过百万。毕业于华东师范大学地理系，曾在上海大型国企就职。

上了那么多课,现实中却被打回原形

一、立足现在,关注将来,强大自我

我身边有一个朋友,她叫盖娅,生完孩子以后致力于自己教育孩子,她看遍育儿书籍后发现,改变自己才是最好的教育。为了疗愈内向的小孩,盖娅开始学习心理学、灵性科学等,就这样踏上了慢慢寻找自我的道路。

她做得很认真,坚持了108拜忏悔,通过打坐链接自己的高我,通过禅舞舞出人生道理,但是回到家中最终还是被打回了原形。为了保持高能量时刻在线,她又不断周转于各个道场,在老师那里,在师兄那里抱团取暖。最后她告诉我说,她萌发了出家的念头,仿佛万物皆虚像,只有修行才是人生……

既然来找我,我也就不客气地对她讲:"在我看来,你所谓的成长,无非就是一直在寻找自己不努力的理由。

"首先,你学心理学期间,学会了一个名词——原生家庭。在心理学工作中,看着周围人哇哇大哭,抱怨父母的时候,你没有一点悲伤。照理说应该打住,说明你的性格确实阳光灿烂,父母照顾有加,继续过你的人生就好。但执迷的你总觉得自己不对劲,连愤怒都没有,于是就开始回去翻自己父母的老账,看看他们到底做了什么对不起你的事。

"把责任推给别人,就可以心安地享受自己的缺点,当别人甚至是你自己指责自己时,你可以在内心说那又有什么办法,都是原生家庭造成的心理伤痕。

"其次,你学习灵性科学期间,又开始在累生累世中寻找答案。这个和寻找原生家庭问题一样,让你陷入了'原因论',它令你永远止步不前。你坚信人人都有心理伤痕,你把自己当作一个病人一样看待,到处修复自己。

手里拿着锤子的时候，看什么都像钉子。你就像一个慈爱的母亲，不停地给婴儿消毒，让他处在无菌的环境里，时时刻刻高能在线，就这样，一个健康的孩子变得最不堪一击。

"所以，不要去关注自己的弱点，把伤口反复揭开哭泣。你所要做的是立足现在、关注将来，让自己变得更强大。试想，当你是一只蚂蚁时，一块石头可能是你一生之中无法逾越的障碍，但你变成大象时，所有的问题自然就解决了。石头仅仅是石头而已，不喜欢踢走就是。"

二、不忘初心，回归本真，提升自我

盖娅是一个善于自我反省的人，反思几天后，她确定了自己的"目的"。决定不忘初心，致力孩子成长、家庭幸福、每天遇见最好的自己！她大量搜罗各种课程和书籍，开始学习育儿知识、国学，准备修身齐家。

可是问题又来了，她努力地学习知识点，把自己变成"学霸"后，看到家里人甚至孩子的行为不规范时，总是忍不住去纠正几句。她就像一把尺子，笔挺挺地站在那里，时刻提示和修正着别人的弯曲。美其名曰把握当下，不能让现在的"因"变成将来的"果"。

最终家人身心俱疲，挫败感极强，整个家庭都陷入了无望和愤怒之中，集体大爆发了。盖娅委屈地找我倾诉，自己这么积极、正能量的生活，怎么又错了？

首先，"己所不欲，勿施于人"是一个人对他人的基本尊重。每一个人的环境和经历不同，对事物的认知也不同。如果你以为自己看了几本书，听了几节有道理的课，回家以后就天真地以为"我改变，所以你改变；我知道，所以你知道；我认为，所以你认为"，那就大错特错了。学习完以后，你唯一能改变的就是自己的行为。身教胜于言传，这点同样适合成年人，当你的行为和气场足够让对方愉悦时，大家也会慢慢仿效你。

其次，实质重于形式。一个家庭中最核心的本质是"爱"，如果把重心放在形式上，看到老人给孩子吃零食，就像是看到老人在给孩子喂食砒霜一样反应神经质；当孩子因为玩得开心，没有听见你的召唤，你生气地教导孩子"父母呼，应勿缓"，整个家就没有了其乐融融的乐趣，换来的是提心吊胆的恐惧，空气中写满了"紧张"两个字，处在这种环境中的孩子又岂是健康的？

三、坚持学习，学以致用，充实自我

盖娅通过不断的学习，认识了很多优秀的同龄人，为了捡回自己浪费的时间，她报了很多的课程，参加了读书会活动，准备一年读100本书。她总觉得时间不够用，又报名了很多时间管理和效率管理的课程。望着没有时间听的课程，她又陷入了极度焦虑中。于是她又来找我诉苦："难道我又做错了什么？"

首先，现在知识获取相对容易，但在选择知识和技能进行学习时，一定要先问自己，这个知识能否助力自己实现目标，从自身实际出发，判断是否可以学以致用。只有构建自己的知识体系，才能将知识由点到面，再到知识网，构建自己的知识宫殿，切忌人云亦云。

其次，重视学"习"。学习其实是两个动作，包括"学"和"习"。"学"是知识体系的输入部分，"习"是输出部分，检验一个人学会的标准就是"习"的结果。听一门课，看一本书，践行一句话，坚持做一件事，时间久了，你的脑门上不写满"优秀"两个字都难。

四、反思失败，践行合一，修正自我

盖娅也真是行动派，回去之后将课程和书籍进行了削减，顿感神清气爽，很多以前听了一半的课程捡回来认真做笔记，读书也改成一个月只读两本

书,并且每次都要写出读后感,列出自己的 To Do List。

看得出她雄心壮志:每天读英语 45 分钟,看书及做笔记 1 个小时,听课一个小时,练字 45 分钟,写作 30 分钟,运动 1 小时。时间久了她也支撑不住了,累到不能动弹,觉得自己意志力薄弱,干不成事,灰心丧气之情写在整个脸上。

我看完之后不禁哈哈大笑,她有些气恼,责怪我瞧不起她。笑完之后,我对她讲:"哪里是在嘲笑你,我的笑声中有对自己过往不堪的释怀,有对自己笨拙的宽容。我和你一样也是走了弯路,本以为你会聪明一些,没想到我们都是一伙的。"她拿起枕头来砸我,并且说:"你是怎么变好的,快如实招来,要不然我绝不饶你。"

我正色地对她讲:"知识是拿来'用'的,践行很重要。所谓行胜于言,我们要在做事的过程中,不断反思自己、修正自己的错误,找到正确的方向。"

首先,践行最忌贪多图快。要从实际出发,一次只培养一个好习惯,从最简单的入手称为"易",切不可贪多,那么多优秀的品质,不是一下子就能学来的。

说到图快,比如我带的早起社群,一开始大家就都明白早起的意义,瞬间觉醒,试图和优秀的学姐一样早上 4 点起床。有一个学员平时 8 点钟还不能起床,天天自然醒,一下子早起 4 个小时,兴奋地享受了几天比别人"多活出半天的精彩"之后,身体不适应便生病了。她告诉我,她不适合早起,要退群。

后来我给她制定的方案是,早起 5 分钟就算早起,连续 21 天之后再提前 5 分钟,一年有差不多 18 个 21 天,这样一年下来可以提前早起 90 分钟,6:30 起床也算是一个标准的早起者。

其次，切忌苛求。当我们制订一项计划的时候，要对自己宽容，容许略有懈怠。我们都是人，有的时候确实会生病或是需要加班等，如果定下来计划每天运动，坚持不下来，又容易自责，最后就会彻底"肌无力"。

例如，我们计划天天早起，目标虽然是100%，但完成80%也算是OK，渐渐地养成好习惯也就不难了，到今天我已经连续早起500多天。

再次，设置激励措施。激励措施包括自我激励和他人激励。年初把自己想要的礼物写在本子上，完成21天的好习惯，就奖励自己一个礼物，这礼物奖励的是努力的自己，意义非凡。

他人激励就更简单了。一个人走得快，一群人走得远。你可以加入一些陪伴营，和志同道合的小伙伴一起努力，每天互相监督，互相扶持，互相加油鼓励，相信你将走得更远。践行一个好的习惯也就没有那么痛苦了。

而我，是自己建立了一个陪伴营，陪伴大家早起、写作等。这样一来，我不仅收获了很多的朋友，而且因为带领一个团队，责任的力量也让我越走越远。

总之，去做，只有在行走的时候才可以纠偏，只有在做事的时候才能悟出道理，只有在面对困难的时候才能成长。那些压不垮你的困难终将成就你。

最后，我还想再送给大家一句话：面对困难和挫折，你的超越，成就了故事；你的退缩，造成了事故。你选哪一个？

作者简介

孟月芝，微博博主@孟繁月芝。现任某国企财务总监，高级会计师，高级精油理疗师，青年成长导师，青创合伙人，2019年帮扶青年成长千余人。

提高解决问题的能力,才是职场生存的根本

有一段时间,电视剧《安家》特别火,让我回想起我曾在房地产经纪公司工作的经历。

刚出来工作的我,和很多人一样是职场菜鸟,遇到事情也并不会想很多,慵慵懒懒的总想找一份不用太辛苦的工作,甚至为了逃避压力,转去了职能部门。那一年房地产市场大火,我们公司迅速扩张,我负责的区域有几个业务精英,转部门三个月,月月都是公司前三,活生生把我从一枚92斤的标准身材,累到了74斤。

记得有一次,累到一天没有吃饭,回到公司还有一大堆工作要做。很久不见的闺蜜来找我,我只能带着一大堆文件去最近的餐馆与她见面。从来没有累成这样的我一边吃一边哭,旁边的服务员都看不下去了,给我递纸巾。

一笔又一笔的单子,一个又一个的问题,因为扩张得太快,公司招人是疯狂式的,几乎已经饥不择食,带来的后果就是问题层出不穷,我们后期处理问题更是头疼。从电视剧里面可以看得出来,我们这个行业存在各种各样的房产纠纷,而现实比电视剧要更加复杂多变。

公司半夜开会,决定建立新的专业部门,把问题集中给一批人员解决。我在近百名同事中被选中,成了第一批吃螃蟹的人,从此走上了我的解决问题专家之路。

我的工资也跟着水涨船高,后来新部门磨合好以后,我又从团队作战调整到个人独当一面的岗位。收入再创新高,处理了数万笔疑难单子。每天不是处理案子,就是在处理案子的路上。和人吵过架,和人对过骂,警察、律师、记者都接触过,每天都有不同的群体,输送到我的面前。我也见证

了人生百态，同时经济和能力上也得到了提升。

一直到现在创业，我都很感谢曾经的工作经历。这份经历让我整个人生都很受益，也就是在那个时候，我明白了，解决问题的能力是个人核心能力要求之一。

在职场中，绝大多数人获得薪水的核心竞争力都来源于解决问题的能力。现在我也根据自己见证的数万件案子，总结出一些经验。说起来非常简单，就三步：预见问题；挖掘问题；解决问题。

一、提高预见问题的能力

问题是什么？问题是实际情况与行业标准之间的差异。不知道应有的标准，就无法发现问题，无法发现问题就没有办法解决问题。由此可见，不能发现问题的人也就没有什么价值了，而且很多领导最怕的就是没有问题。

预见问题需要的是你足够专业，只有你对行业应有的标准足够清晰，你才可以去设想问题。有一句话叫，修正一个错误的最好办法就是不要让错误发生。

拥有预见问题的能力不仅需要你足够专业，而且需要你在成熟的思考和总结后，才能有日渐强大的能力。这不只是在职场上对你有帮助，对你的人生也一样，可以让你少走弯路。

二、提高挖掘问题的能力

领导既怕没有问题，领导也怕问题太多，怕的是旧问题反复出现，新问题才是你需要去挖掘的。我们常说要有发现问题的眼睛，接下来就为大家提供几个发现问题的视角。

（1）实地勘察，多沟通。站在客户的角度去看，去和客户聊天，听他们的抱怨，和基层交流，去看他们的工作流程和状态，这样可以发现很多问题。

（2）观察自己的工作流程。例如，为什么总是非常繁忙，总是需要加班，总是会出现的一些状况。

（3）写工作日志。写也是思考和总结的过程，长期的记录方便我们更好地把问题和事情简单化、可视化。

三、提高解决问题的能力

我后来在工作中能独当一面，再大的案子也不怕，都是来自我领导的"三字经"培养：然后呢？说重点！结果呢？

说到底，领导要的还是结果，他并不在乎你完成得有多艰难。最主要的是，你最好自己能处理好，不要让领导出面给你处理。

在工作中，首先要明确自己工作的边界，自己是干什么的，以及自己能为公司解决什么问题。只有先清晰自己的定位，才能更清晰地去看待和设想问题发生后的处理方式以及你自己的目标。要达成设定的目标，你应该怎么做呢？

在制定方案的时候要重点考虑以下几个问题。

目标，是否能够解决问题、完成目标？成本，成本是否在老板的预算范围之内，需要多少时间和费用？风险，是否有其他风险，有风险的话是否可规避，以及能否及时解决？自我成长，通过这个对策，自己能力能否提升？

执行力和速度。完成目标以后，做全程复盘，整理，总结，可借鉴的可做成专业疑难培训。

每一个人的能力及精力都是有限的，知识如浩瀚海洋，学无止境，我们只能在这几十年聚焦去解决少数几个方向、几个职业的问题。多次练习以后，我们会逐渐成为这个行业的中上游选手，如果有一定的天赋，那么我们很有可能成为这个行业的高手。

在职场上，做好自己的工作，不仅能够为公司创造价值，同时也能体现出我们存在的价值。当我们做好工作，我们的能力得到公司的认可时，升职和加薪也就是自然而然的事情了。

多想想自己现在能为企业或家庭解决正在发生的哪些问题，自己的能力能否解决正在发生的问题，如果现有的问题与想象中的有差异，自己该如何弥补？是学习还是参加培训，抑或是采取其他方法？

当我们拥有预见问题、挖掘问题、解决问题的能力后，不管是在工作中还是在家庭中，乃至整个人生都是受益的。

作者简介

晶晶，微博博主@奔跑吧晶晶。擅长皮肤管理，热爱护肤，喜欢码字写文案，曾去日本学习皮肤管理，师从大阪美容协会老师，并通过自学将自己的"烂脸"治愈，开过美容院，后转战电商与微商行业。

"升级打怪"的过程,就是认知升级的过程

一、选择"自我",学会打造更好的自己

如果现在你问我:"爱情和自我成长,你会如何选择?"我会告诉你,一定是先选择自己,然后才是别人。

2014年6月,参加完毕业答辩,告别了四年的大学时光。人生阶段的告别不可怕,可怕的是离别,如"毕业季就是分手季",不过因为和男朋友是异地,我巧妙地逃脱了"毕业即分手"的魔咒。虽然没有分手,但却陷入了是否去男朋友工作地工作的艰难抉择。

毫不例外,和大多数人一样,等到需要走上工作岗位的时候,我还不知道自己真正感兴趣的是什么,自己真正想做什么工作,也就只有选择当下自己能选择的,然后做好。男朋友本科读的军校,毕业以后服从分配,到了陕西的一个地级市,继续他的军旅生涯。

摆在我面前的选择变成是去地级市找一个普通工作,还是去大城市打拼,修炼完毕后再嫁到男朋友的小城;抑或是留在爸妈生活的省会城市过朝九晚五的小日子。如果没有男朋友,或许不会犹豫,一定是做留在爸妈身边的乖乖女,过着没有太大压力的生活,没有房贷,没有车贷,按时上下班,相夫教子,照顾爸妈,一眼望到底的时光,人生体验相对贫瘠却也简单美好。

因为有了男朋友,我在两个选择间犹豫不决,是直接追随他的脚步,还是先自己打拼,有了独立自主生活的能力,再奔向他的城市。偏远的小城没有太多的工作选择,找遍了各种招聘网址,收获却寥寥无几,不是办公室文员,就是收银员,再就是出纳。

找得越久就越焦虑,害怕选择枯燥无味的基本工作会让自己不够好,配不上男朋友,也害怕自己去了大城市,未来不知道会怎样,不知道长久的异地会不会把这段感情消耗殆尽。深陷在焦虑里消耗着时日,却也不知道该如何选择。

一个日常的周末,堂哥堂嫂、姐姐姐夫来我家做客。吃完饭以后的固定环节就是拉家常,听姐姐给嫂子讲她全职带娃的婆媳矛盾和夫妻相处日常,讲经济基础决定上层建筑,还顺便跟我说,以后一定不要全职带娃。

招待完大家,晚上我陷入了沉思。我一直犹豫的小城和大城市之间的选择,我在乎的不过是,是不是能做相对独立的自己,和男朋友及家人能相互尊重,能有自己选择的权利,而不是被婆婆左右或者被男朋友觉得只是一个选择。想到这里,我暗暗下了决心。

虽然独自打拼的日子可能会充满了孤独和无助,但是为了"自我"的权利,也是值得的。作完决定,我说服了爸妈,通知了不发表意见让我自己决定的男朋友,成为北漂大军中的一员。

现在回望当初的选择,是当时自己对于女性的认知,觉得需要被尊重,需要有选择的权利,让自己义无反顾地先成为更好的自己,给予自己安全感。

二、选择"坚守",学会承担更多的责任

工作以后,在一家创业公司做平台运营,每天围绕着收入的KPI团团转,默默地推进着各项具体事务。沉浸在穿梭于平台方和自己的公司中,为了KPI努力的时候,领导开始带其他的新项目,渐渐地让我们独立跑。

因为老项目需要留人盯着,我觉得自己不会被调到新项目中去,也就没有去关注。但没有料到的是,现有业务因为客观原因停摆了,部门的人都要被调去做新项目。调整和安排很突然,没有给大家太多的时间思考和

选择。那时候的我们并不完全清楚自己将要面对的工作的复杂程度，就已经要进入新岗位开始工作了。

领导根据他对大家的认知，给大家分了完全不同的岗位。因为这一次调整，部门的小伙伴从完全可以互相替代的岗位被调到各自不同的岗位，以至于后来对大家的职业生涯产生了不小的影响。

因为团队里我是平日跟商品部门对接得最多的人，这次调整让我变成新项目的商品负责人，由我带领两个小伙伴一起完成链条里所有商品的相关工作。只是做过商品相关工作，并不懂商品，导致我开始接手工作的时候整个人都很慌。

新手上路加上新项目完全没有系统化，从零到一，开始的日子每天都很累。累不是最可怕的，可怕的是并不懂得管理新领导的预期，跟领导沟通也出现了问题。被困在"加班熬夜""工作质量无法保障""领导不满意"三循环里，撞得头破血流却也不知道如何破局。

所有的工作日和休息日都沉浸在工作的压力里，没有任何放松，无法走出现状。支撑自己坚持的动力，是觉得自己一定要扛过这个压力，只有自己走出困境，才能真正成长。

因为前期完全没有系统化，随着工作量的加大，小组增加了一名实习生。幸运的是，实习生小朋友非常靠谱，富有责任感，交代的工作也都能保质保量地完成。日子一天天过去，转眼就到了小朋友要回学校的日子，然而候补的人却还没有招聘到。

沉浸在工作要掉地上的恐慌里，茫然不知所措。经过争取和协调，在小朋友走之前，从其他部门调来了一个新的实习生，接下来又陷入了新的恐慌，不知道工作能不能交接好以及完成好。

工作了三个月，领导给我招来了一个小 Leader——大我五岁的静姐。非常难过没能扛起这份重任，却也特别开心现状迎来了转机。静姐来了以后，日子都变得明媚了起来。一方面是因为有了懂业务的人带，另一方面是因为沟通的问题得到了极大的缓解。

静姐说："嗯，这个没问题。"

静姐说："嗯，这个想法不错。"

静姐说："嗯，我觉得这么做应该没问题，你跟技术聊聊，看是不是可以这么实施。"

静姐说："你不是不会做，你只需要一个帮你拍板的人。"

有了简单的陪伴和业务的认可，我渐渐找回了自信。这段时间，我懂得了承担责任，完成了从只承担自己的责任到承担团队责任的转变；知道了业务如何提出需求，如何把系统变得真正智慧、便捷、高效，符合业务使用的场景；从不会争取资源，到推动协同整个系统上线；从离职的恐慌到把七个人的工作都完成系统化，后期的离职也都可以尽在掌握。

感谢时光赋予我经历和成长，懵懂时并不懂得坚持的意义，回望才明白，每一个阶段的升级都需要积累，只要思想认知提升了，也就慢慢长大了。

作者简介

咩咩，微博博主@咩咩的碎碎念。任互联网电商商品运营经理一职，工作 5 年，擅长分析个人成长方向，以及在工作中遇到问题怎么破局的思维把控，希望自己的文字能带给大家点滴启发，希望漫漫岁月我们都能穿过荆棘，走向明媚人生。